U0183268

中华经典藏书

茶经
随园食单

沈冬梅 陈伟明 译注

中華書局

图书在版编目(CIP)数据

茶经·随园食单/沈冬梅,陈伟明译注. —北京:中华书局,2016.3(2023.6 重印)
(中华经典藏书)
ISBN 978-7-101-11547-5

Ⅰ.茶… Ⅱ.①沈…②陈… Ⅲ.①茶叶-文化-中国-古代②食谱-中国-清前期③《茶经》-注释④《茶经》-译文⑤《随园食单》-注释⑥《随园食单》-译文 Ⅳ.①TS971②TS972.117

中国版本图书馆 CIP 数据核字(2016)第 035122 号

书　　名　茶经　随园食单
译 注 者　沈冬梅　陈伟明
丛 书 名　中华经典藏书
责任编辑　刘树林
责任印制　管　斌
出版发行　中华书局
　　　　　(北京市丰台区太平桥西里 38 号　100073)
　　　　　http://www.zhbc.com.cn
　　　　　E-mail:zhbc@zhbc.com.cn
印　　刷　三河市博文印刷有限公司
版　　次　2016 年 3 月第 1 版
　　　　　2023 年 6 月第 7 次印刷
规　　格　开本/880×1230 毫米　1/32
　　　　　印张 12⅝　插页 2　字数 200 千字
印　　数　52001-56000 册
国际书号　ISBN 978-7-101-11547-5
定　　价　26.00 元

目　录

茶　经

随园食单

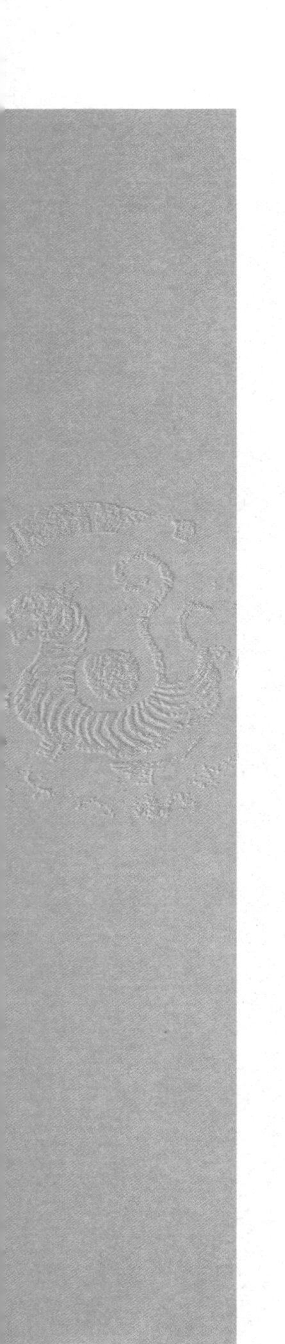

茶 经

前　言

陆羽《茶经》是世界上第一部关于茶的专门著作，在茶业与茶文化史上占有无可比拟的重要地位。《茶经》自761年书稿初成后，即或以抄本的形式流传。其后几经修订，以多种版本形式流传，南宋咸淳年间刊刻的百川学海本《茶经》，是现今可见最早的刊行本。明代被收入丛书《说郛》之中，但现今可见其最早刊行本在清初。明以后，除继续在诸家重刻的百川学海丛书中刊行外，山居杂志、百家名书、五朝小说大观等新编丛书也都相继收录刊行《茶经》。明嘉靖年间，陆羽故乡竟陵开始印行独立刊本，并出现增注本、附刻本等刊本形式。此后，独立刊本与丛书本《茶经》相携流传，绵延至民国，镂板刊行不绝。海外流传亦自宋代始，日本今藏宋版百川学海本《茶经》，并自江户时代开始翻刻自明朝输入的郑煾本《茶经》。20世纪，日本出现多种日语翻译注释本《茶经》；而在英语国家，英国大百科全书、美国人威廉·乌克斯《茶叶全书》相继译录英文本《茶经》，并有单行本英文《茶经》；韩文、俄文、法文、意大利文、德文本《茶经》亦相继翻译印行。《茶经》在世界上的传播，对中国乃至世界茶业与茶文化的发展，起到重要的促进作用。

一　作者陆羽

陆羽（733—804），字鸿渐、季疵，又名疾。唐代复州竟陵（在今湖北天门）人。居吴兴（在今浙江湖州）号竟陵子，居上饶（在今江西上饶）号东岗子，于南越（在今广东）称桑苎翁。陆羽在所写《陆文学自传》中称自己不知所生，三岁时被遗弃野外，竟陵龙盖寺（后改名为西塔寺）僧智积在水滨拾得而收养于寺。陆羽长大后以《周易》为自己占卦，得“蹇”之“渐”卦曰：“鸿渐于陆，其羽可用为仪”，因而用它们作为自己的名姓，姓陆名羽字鸿渐。一说因智积俗姓陆，故以陆为姓（见《因话录》卷三）。

九岁时，陆羽开始学习撰写文章。师父智积想让他学佛，“示以佛书出世之业”，而陆羽一心向往儒学，智积屡劝不从，因而罚他做扫寺地、洁僧厕、践泥圬墙、负瓦施屋、牧牛等重务。在这些沉重劳动之余，陆羽仍然坚持学习。没有纸练习写字，就用竹枝在牛背上写。智积知道陆羽坚持学习的情况后，怕他看多了佛家之外的典籍，心去佛道日远，就将陆羽拘束在寺中，“芟翦榛莽”，并派门人之伯看管他。陆羽一边干活一边默诵所学，被看管的人抽打其背，直打到棍子断才住手。陆羽不堪困辱，逃寺而去，投靠当地戏班，弄木人、假吏、藏珠之戏，很快显现才华，著《谑谈》三篇，并任伶正。

唐玄宗天宝五载（746），复州人聚饮于沧浪之洲，陆羽为伶正之师，参加欢庆活动。当时河南太守李齐物谪守竟陵，很欣赏陆羽，抚背赞叹，亲授诗集。此后，陆羽负书火门山邹夫子门下，受到了正规教育。天宝十一载（752），礼部郎中崔国辅贬为竟陵司马，也很赏识陆羽，相与交游三年，品茶论水，诗词唱和，雅意高情一时所尚，有酬酢歌诗合集流传。李齐物的赏识及与崔国辅的交往，使陆羽得以跻身士流、闻名文坛。

天宝十四载（755），安禄山叛乱。肃宗至德元年（756），北方人大量南迁以避战祸，正在陕西游历的陆羽亦随流民渡江南行。至德二年（757），陆羽至无锡，游无锡山水，品惠山泉，结识时任无锡尉的皇甫冉。行至浙江湖州，与诗僧皎然结为缁素忘年之交，曾与之同居妙喜寺。乾元元年（758），陆羽寄居南京栖霞寺研究茶事。其间皇甫冉、皇甫曾兄弟数次来访。肃宗上元元年（760），陆羽隐居湖州，结庐苕溪之湄，闭关读书。

代宗大历二年（767）至三年间，陆羽在常州义兴县（在今江苏宜兴）君山一带访茶品泉，建议常州刺史李栖筠上贡阳羡茶。大历八年（773）正月，颜真卿到湖州任刺史。夏六月，陆羽应颜真卿约参加其主编的《韵海镜源》编撰工作。冬十月，颜真卿建新亭在妙喜寺左落成，因时在癸丑年、癸卯月、癸亥日竣工，陆羽为之题名曰“三癸亭”。

德宗建中三年（782），陆羽离开湖州移居江西。德宗贞元元年（785），移居信州（在今江西上饶）。贞元二年（786）岁暮，陆羽移居洪州玉芝观。贞元五年（789）之前，陆羽由湖南赴岭南，入广州刺史、岭南节度使李复（李齐物之子）幕府。大约在贞元九年（793）由岭南返回江南。此后陆羽行历不明。贞元二十年（804）冬，陆羽卒于湖州，葬杼山，与皎然砖塔相对（一说陆羽晚年归故乡，卒葬竟陵）。

陆羽在文学、史学、茶文化学与地理、方志等方面都取得了很大的成就，时人权德舆称赞他“词艺卓异，为当时闻人”。然而在其身后，影响至深、流传最广的是他所著《茶经》在茶文化学方面的卓越成就。“自从陆羽生人间，人间相学事春茶。”（梅尧臣《次韵和永叔尝新茶杂言》）陆羽在当时就为人奉为茶神、茶仙。在《连句多暇赠陆三山人》诗中，耿沣即称陆羽：“一生为墨客，几世作茶仙。”李肇《唐国史补》记载唐后期时人们已经将陆羽作为茶神看待，《唐才子传》称陆羽《茶经》之后“天下益知饮茶矣”。陆羽及其《茶经》对茶业及茶文化的发生、发展起着不可磨灭的创始作用。

二 《茶经》成书过程

陆羽幼年在龙盖寺时要为智积师父煮茶，煮的茶非常好，以至于陆羽离开龙盖寺后，智积便不再喝别人为他煮的茶，因为别人煮的茶都没有陆羽煮的合乎积公的口味。（《纪异录》）幼时的这段经历对陆羽的茶事业影响至深，它不仅培养了陆羽的煮茶技术，更重要的是激发了陆羽对茶的无限兴趣。陆羽青年时与贬官于竟陵的崔国辅“相与较定茶、水之品”也是他重要的茶事经历。与崔国辅分别后，陆羽开始了个人游历。安禄山叛乱后，陆羽与北方移民一道渡江南迁，一路考察了所过之地的茶事。与其交往的皇甫冉、皇甫曾、皎然等写有多首与陆羽外出采茶有关的诗。上元初，陆羽隐居湖州，撰写了大量的著述，《茶经》是其中唯一传存至今的著作。

关于《茶经》成书的时间，学界有760年、764年、775年三种意见。三说各有所据，然皆有偏颇。应是《茶经》经历了初稿及修改稿的过程，而且其初稿、修改稿皆有流传。

《茶经》初稿完成于肃宗上元二年（761）之前，因为在这年陆羽写了自传，其中记述他自己已完成的著作中有《茶经》一项，则《茶经》初稿定撰成于上元辛丑岁撰写自传之前。日本布目潮沨先生根据《茶经·八之出》所列地名研究发现，《茶经》所载产茶州县地名，除极个别外，都是758—761年之间所改名，表明《茶经》写作时间当是在758—761年之间。这从另一角度证明《茶经》写作时间当是在761年之前。

陆羽在《茶经·四之器》中记述自己所制风炉一足上刻有“圣唐灭胡明年铸”语，一般据此认为，《茶经》在764年之后曾经修改。因为唐政府在广德元年（763）彻底平定安史之乱，这年的“明年”是764年。

据成书于8世纪末的唐封演《封氏闻见记·饮茶》记载内容表明，《茶经》在760年完成初稿之后就广为流传。

而在773年应邀参加《韵海镜源》的编撰工作成为陆羽修改《茶经》的新契机，陆羽在这一工作中能够接触大量的文献，有助于他在774年完成编纂工作后补充修改《茶经》中的部分内容，尤其是《七之事》中与茶有关的历史、医药、文学的文献记录。

有人认为《茶经》约正式刊行于780年左右。这一推论有一定道理，因为此后陆羽曾较长时间定居江西，却未如在浙江湖州时那样，将所经历地区的茶产，细致记入《茶经·八之出》茶产地的小注文中。其后所经历的湖南、广东等地区也未有茶产地加入《茶经·八之出》。对于江南、岭南的产茶地，陆羽自称"未详，往往得之，其味极佳"。抑或陆羽曾再修改补充《茶经》内容，却未能再流传于世。

三 《茶经》的内容

《茶经》上、中、下三卷十章，内容十分丰富。《茶经》总结了当时茶叶生产技术与经验，收集历代茶叶史料，记述作者实践调查。从现代学科分科的角度来说，《茶经》是茶叶文化的百科全书，涵盖了茶叶栽培、生产加工、药理、茶具、饮用、历史、文化、茶产区划等方面的内容。

卷上《一之源》言茶之本源、植物性状、名字称谓、种茶方式及茶饮的俭德之性；《二之具》叙采制茶叶的用具尺寸、质地与用法；《三之造》论采制茶叶的适宜季节、时间、天气状况，及对原料茶叶的选择、制茶的七道工序、成品茶叶的质量鉴别。卷中《四之器》记煮饮茶的全部器具，计二十五组二十九种。全套茶具的组合使用体现着陆羽以"经"名茶的思想，风炉、鍑、夹、漉水囊、碗等器具的材质使用与形制设计，则具体体现出陆羽五行协谐的和谐思想、入世济世的儒家理想以及对社会安定和平的渴望。而陆羽在关注世事的同时，又满怀山林之志，是典型的中国传统人文情怀。卷下《五之煮》介绍煮茶程序及注意事项，包括炙茶碾茶、宜火薪炭、宜茶之水、水沸程度、汤花之育、坐客碗数、乘热速饮等方面。《六之饮》强调茶饮的历史意义由来已久，区分除加盐之外不添加任何物料的单纯煮饮法与夹杂许多其他食物淹泡或煮饮的区别，认为真饮茶者只有排除克服饮茶所有的"九难"，才能领略茶饮的奥妙真谛。《七之事》详列历史人物的饮茶事、茶用、茶药方、茶诗文以及图经等文献对茶事的记载。《八之出》列举当时全国各地的茶产并品第其质量高下，而对于不甚了解地区的茶产，则诚实地谦称“未详”。《九之略》列举在野寺山园、瞰泉临涧诸种饮茶环境下种种可以省略不用的制茶、煮饮茶用具，最后又强调，“但城邑之中，王公之门，二十四器阙一，则茶废矣”，说只有完整使用全套茶具，体味其中存在的思想轨范，茶道才能存而不废。《十之图》讲要用绢素书写全部《茶经》，张挂在平常可以看得见的地方，使其内容目击而存、烂熟于胸，这样《茶经》才真正完整了。

四 《茶经》的历史价值

陆羽《茶经》是世界上第一部关于茶的专门著作，在茶文化史上占有无可比拟的重要地位。《茶经》在《新唐书·艺文志·小说类》、《通志·艺文略·食货类》、《郡斋读书志·农家类》、《直斋书录解题·杂艺类》、《宋史·艺文志·农家类》等书中，都有著录。历来为《茶经》作序跋者很多，至今可见的有十七种之多。

作为世界上的第一部茶书，《茶经》被奉为茶文化的经典。唐末皮日休作《〈茶中杂咏〉序》即认为陆羽与《茶经》的贡献很大：“岂圣人之纯于用乎？草木之济人，取舍有时也。……季疵始为三卷《茶经》，由是……命其煮饮之者，除痟而疠去，虽疾医之，不若也。其为利也，于人岂小哉！”宋欧阳修《集古录》：“后世言茶者必本陆鸿渐，盖为茶著书自其始也。”明陈文烛在《茶经序》中甚至以为：“人莫不饮食也，鲜能知味也。稷树艺五谷而天下知食，羽辨水煮茗而天下知饮，羽之功不在稷下，虽与稷并祠可也。”

对于古代中国绝大多数文人来说，修齐治平之外，没有绝对的理想；文章之外，没有可以称道的技能；道德、礼教之外，没有必须遵循的规范。

唐宋两朝是一个转折点，唐宋时代的社会、文化几乎各个方面都发生了重大的变革，六经注我，文人们的个体意识开始觉醒，文人们的精神世界开始变得更为丰富复杂，有些方面甚至出现了对立的状态。对于大多数文人个体来说，修齐治平的理想，文章的技能，道德、礼教的规范，是社会历史与文化传统赋予他们的价值观念和行为规范，过去很多人只有这些，或最多只表现出这些。而在唐宋变革之际，个体意识开始觉醒的文人，也同时开始向社会提供他们的价值观念和行为规范。

陆羽想要通过茶饮提供给社会的新的东西，是“精行俭德之人”茶饮行为的规范，这是他孤零的身世和遭逢乱世的经历之下所渴求的东西，他想通过茶叶、茶具、煮饮茶的规范化程序，提倡某种在道德、礼教之外的行为规范，应当说这确实是中国古代社会所缺乏的。但中国古代文人内心深处在道德与礼教之外不受任何约束的传统，使得茶并未最终在文人士大夫中间形成新的行为规范。

同时，唐中期兴起讲求顿悟的禅宗，由于它不讲求苦苦的修行，因而在事实上缺乏对禅林僧众的一定的约束力。但任何一个庞大的社会团体，是一定要有某些具有强制性约束力的规范才能维系它在社会中的存在和发展的，为了做到这一点，唐宋之际，禅林清规应时出现，茶也趁此时机进入到禅林的律规之中。

在中国，社会文化根据自己的特性有选择地接受了陆羽《茶经》提供的茶艺文化的部分内容，茶的礼仪、程序部分最终大都进入到需要礼仪规范的宗教之中，和一部分民俗当中，留在文人士大夫和众多茶叶消费者中间的，是茶的清雅、芬香的享受，是精美器物的玩赏，是生命过程中体验与经历在茶中的印证与延伸，人们在其中更多的是享受自适，即使有程序等等，也是为了充分发挥茶的禀质，更多地享受茶饮茶艺的乐趣。

陆羽《茶经》也影响到了世界其他地区的茶业与文化。日本的茶道、韩国的茶礼，近年在东亚及南亚许多地区盛行、流风余韵拂及北美及欧陆的茶文化，都是在陆羽及其《茶经》的影响下，逐渐发生的文化交流与传播。而茶叶成为世界三大非酒精饮料之一的成就，也是离不开陆羽的肇始之功。

唐代以来《茶经》刊行甚多，据不完全统计，历来相传的《茶经》版本约有六十余种。而自宋代至民国现存的版本约有五十余种。一部在传统四部分类中归类不明的著作——诸家书目分别有归于小说类、食货类、农家类、杂艺类者，千百年来在中国本土有六十多种版本刊行流传，在海外有日、韩、德、意、英、俄、法等多种文字版本刊行，这不仅是出版史上的一个奇迹，也是文化史上的一个奇迹，从中我们既可见到茶业与茶文化的历史性繁荣，也可见到《茶经》的巨大影响。

五　本书的处理方式

本书原文以中国国家图书馆藏南宋咸淳刊百川学海本《茶经》为底本，参校明以来多种版本，但因本书所在书系的体例，不出校记，在原文上径改，其中少量有特殊意义的校勘，在注释中予以说明。

沈冬梅

2016 年 2 月

卷上

一之源

本章以“茶之本源”为题，全面概述了茶的多方面内容，包括：茶的产地、起源和特性，大茶树，茶树的植物学性状，茶的名称、用字，茶树生长栽培的环境条件、栽培方法，鲜叶品质的高下及鉴别方法，茶的效用，以及采、造茶不合法就会对人造成妨害等内容。

首句“南方之嘉木”极其言简意赅，形象生动地概述了茶树的产地之源，以及茶树的秉性美好。茶之嘉，体现在两个方面，一是饮茶益人；二是在很长的历史时间里，茶都是高附加值的经济作物。本章主要论述前者。

自战国末期楚国屈原（约前 340—约前 278）《橘颂》“后皇嘉树”起，中国古代文人即有以“嘉”称颂某类植物，或以某类植物的品质乃至美人来比况君子之性的传统，即“香草美人”的传统。陆羽《茶经》沿袭了这一传统，称茶为生长于南方的嘉木，与本章下文中的“精行俭德”相呼应，使植物之茶，标著了品德之性，吸引着读者跟随作者继续往下探究茶之知识。而陆羽称茶为嘉木亦为后人所承袭，至北宋文豪苏轼，更是将茶叶视为嘉叶，为其撰写了拟人化的传记作品《叶嘉传》，盛赞茶叶清白可爱风劲颖挺的君子资质，明代徐岩泉还称茶为居士并为其作传。

《茶经》关于高数十尺的野生大茶树的描述与记载，在当时或许只是趣闻，只是陆羽如实记录其实地考察所获茶知识的一个小小的部分。而在中国大量的野生大茶树尚未被实地发现之前，《茶经》记载的野生大茶树就成为中国野生茶树的历史文献证据。这也可谓是《茶经》对于中国茶业与文化的历史贡献之一。

关于茶树“植而罕茂”的论述，是首次论及茶的不宜移植之性。古时囿于知识技术，茶树移植之后很难成活，故而只能以种籽直播，所以此后人们将此局限称为茶的“不移”或“不迁”之性，甚至将这一植物种植现象比附到社会生活中，将茶引入婚姻之礼，用其“不迁”之性，来单向且严苛地要求婚姻中的女性。此后，甚至形成“三茶六礼”的婚姻习俗。

陆羽在本章首次将茶性与君子精行俭德之性相提并论，提升了茶的文化内涵。

本章关于茶的用字、茶的名称等内容，对茶字的起源研究有所助益。

本章的一些撰述方法也值得称道：通过与其他植物相关部位类比的方法介绍茶的植物学性状；介绍种茶法时，也用为人所熟知的种瓜法相比；论述茶既益人但若采造不得法也会对人造成妨害时，则用人所熟知的中药名品人参作比。作为世界上第一部茶学著作，可以说作者陆羽是在茶尚不为人所遍知的情况下采用的最佳的介绍方法，对于读书与游学都不甚便利的古人来说，易于明白和掌握。

在大力宣扬茶的同时，陆羽对其中可能存在的问题绝不回避、绝不虚词掩饰，客观地陈述不好的茶可能会对人产生的危害，这在此后继出的同类著作中极为罕见，这让人看到陆羽的科学态度、客观精神，对后人永远都有垂范作用。人们可以看到陆羽是站在人的高度，而非单纯站在茶的物质的立场上谈论茶叶，这对物质横行、利益至上的当下社会，是有其启发意义的。

茶者[①]，南方之嘉木也[②]。一尺、二尺乃至数十尺[③]。其巴山峡川[④]，有两人合抱者，伐而掇之[⑤]。其树如瓜芦[⑥]，叶如栀子[⑦]，花如白蔷薇[⑧]，实如栟榈[⑨]，蒂如丁香[⑩]，根如胡桃[⑪]。瓜芦木出广州[⑫]，似茶，至苦涩。栟榈，蒲葵之属[⑬]，其子似茶。胡桃与茶，根皆下孕[⑭]，兆至瓦砾[⑮]，苗木上抽[⑯]。

【注释】

①茶：植物名。山茶科，多年生深根常绿植物。有乔木型、半乔木型和灌木型之分。叶子长椭圆形，边缘有锯齿。秋末开花。种子棕褐色，有硬壳。嫩叶加工后即为可以饮用的茶叶。

②南方：唐贞观元年（627）时分天下为十道，南方泛指山南道、淮南道、江南道、剑南道、岭南道所辖地区，基本与现今一般以秦岭山脉—淮河以南地区为南方相一致，包括四川、重庆、湖北、湖南、江西、安徽、江苏、上海、浙江、福建、广东、广西、贵州、云南（唐时为南诏国）诸省市区，以及陕西、河南两省的南部，皆为唐代的产茶区，亦是今日中国之产茶区。嘉木：美好的树木，优良树木。屈原《九章·橘颂》："后皇嘉树。"嘉，用同"佳"，美好。陆羽称茶为嘉木，北宋苏轼称茶为嘉叶，都是夸赞茶的美好。

③尺：古尺与今尺量度标准不同，唐尺有大尺和小尺之分，一般用大尺，传世或出土的唐代大尺一般都

在三十厘米左右，比今尺略短一些。数十尺：高数米乃至十多米的大茶树。在中国西南地区（云南、四川、贵州）发现了众多的野生大茶树，它们一般树高几米到十几米不等，最高的达二三十米，树龄多在一两千年以上。云南思茅地区澜沧拉祜族自治县“千年古茶树”树高 11.8 米；云南勐海“南糯山茶树王”（当地称“千年茶树王”，现已枯死）树高 5.45 米。

④巴山：又称大巴山。广义的大巴山指绵延四川、重庆、甘肃、陕西、湖北边境山地的总称；狭义的大巴山在汉江支流河谷以东，重庆、陕西、湖北三省市边境。峡：一指巫峡山，在重庆、湖北交界处；二指峡州，在三峡口，治所在今宜昌。故此处巴山峡川指重庆东部、湖北西部地区。

⑤伐：砍斫（zhuó）、砍削树木及其枝条为伐。掇（duó）：拾取。

⑥瓜芦：又名皋芦，分布于中国南方的一种叶似茶叶而味苦的树木。晋代就有南方人用皋芦煎煮饮用。宋唐慎微《证类本草》：“瓜芦木……一名皋芦，而叶大似茗，味苦涩，南人煮为饮，止渴，明目，除烦，不睡，消痰，和水当茗用之。”明李时珍《本草纲目》：“皋芦，叶状如茗，而大如手掌，挼（ruó）碎泡饮，最苦而色浊，风味比茶不及远矣。”

⑦栀（zhī）子：属茜草科，常绿灌木或小乔木。夏季

开白花，有清香，叶对生，长椭圆形，近似茶叶。

⑧白蔷薇：属蔷薇科，落叶灌木。枝茂多刺，高四五尺，夏初开花，花五瓣而大，花冠近似茶花。

⑨栟榈（bīnglǘ）：即棕榈，属棕榈科。核果近球形，淡蓝黑色，有白粉，近似茶籽内实而稍小。

⑩蒂：花或瓜果与枝茎相连的部分。丁香：一属常绿乔木，又名鸡舌香、丁子香。叶子长椭圆形，花淡红色，果实长球形。生在热带地区。花供药用，种子可榨丁香油，做芳香剂。种仁由两片形状似鸡舌的子叶抱合而成。一属落叶灌木或小乔木。叶卵圆形或肾脏形。花紫色或白色，春季开，有香味。花冠长筒状，果实略扁。多生在中国北方。

⑪胡桃：属核桃科，深根植物，与茶树一样主根向土壤深处生长，根深常达二三米以上。

⑫广州：三国吴永安七年（264）分交州置，治广信县（在今广西）。不久废。永安七年复置，治番禺（在今广东）。统辖十郡，南朝后辖境渐缩小。隋大业三年（607）改为南海郡。唐武德四年（621）复为广州，天宝元年（742）改为南海郡，乾元元年（758）复为广州，乾宁二年（895）改为清海军。

⑬蒲葵：属棕榈科，常绿乔木。叶大，大部分掌状分裂，可做扇子，裂片长披针形，圆锥花序，生在叶腋间，花小，果实椭圆形，成熟时黑色。生长在热带和亚热带地区。

⑭下孕：植物根系在土壤中往地下深处发育滋生。

⑮兆：《说文》解释为“灼龟坼（chè）也”，本意是龟裂，指古人占卜时烧灼甲骨呈现裂纹，这里作裂开解。瓦砾：破碎的砖头瓦片，引申为硬土层。

⑯上抽：向上萌发生长。

【译文】

茶，是南方地区一种美好的木本植物，树高一尺、二尺以至数十尺。在巴山峡川一带，有树围达两人才能合抱的大茶树，将枝条砍削下来才能采摘茶叶。茶树的树形像瓜芦木，叶子像栀子叶，花像白蔷薇花，种子像棕榈子，蒂像丁香蒂，根像胡桃树根。瓜芦木产于广州一带，叶子和茶相似，味道非常苦涩。栟榈属蒲葵类植物，种子与茶子相似。胡桃树与茶树树根都往地下生长很深，碰到硬土层时，苗木开始向上萌发生长。

其字，或从草，或从木，或草木并。从草，当作“茶”，其字出《开元文字音义》[①]；从木，当作“㭘”，其字出《本草》[②]；草木并，作“荼”，其字出《尔雅》[③]。

【注释】

①《开元文字音义》：唐玄宗开元二十三年（735）编成的一部字书，共有三十卷，已佚。清代黄奭《汉学堂丛书经解·小学类》辑存一卷，汪黎庆《学术丛编·小学丛残》中亦有收录。此书中已收有“茶”字，说明在陆羽《茶经》写成之前二十五年，“茶”字已经被收录在官修字书当中。

②《本草》：指唐高宗显庆四年（659）李勣、苏敬等人所撰的《新修本草》（今称《唐本草》），已佚。今存宋唐慎微《重修政和经史证类备用本草》引用。敦煌、日本有《新修本草》钞写本残卷，清傅云龙《籑喜庐丛书》之二中收有日本写本残卷，有上海群联出版社1955年影印本；敦煌文献分类录校丛刊《敦煌医药文书辑校》中录有敦煌写本残卷，有江苏古籍出版社1999年版本。

③《尔雅》：中国最早的字书，共十九篇，为考证词义和古代名物的重要资料。古来相传为周公所撰，或谓孔子门徒解释六艺之作。实际应当是由秦汉间经师学者缀辑周汉诸书旧文，递相增益而成，非出于一时一手。《尔雅》既是中国古代的词典，也是儒家的经典之一，列入十三经之中。“尔”是近的意思。“雅”是正的意思，雅言的意思，是某一时代官方规定的规范语言。“尔雅”就是近正，使语言接近官方规定的语言。

【译文】

茶字，从字形、部首上来说，有属草部的，有属木部的，有并属草、木两部的。属草部的，应当写作“茶”，在《开元文字音义》中有收录；属木部的，应当写作“梌”，此字见于《本草》；并属草、木两部的，写作“荼”，此字见于《尔雅》。

其名，一曰茶，二曰槚[①]，三曰蔎[②]，四曰茗[③]，五曰荈[④]。周公云[⑤]：“槚，苦荼。”扬执戟云[⑥]：“蜀西南人谓茶曰蔎。”郭弘农云⑦：“早取为荼，晚取为茗，或一曰荈耳。”

【注释】

①槚（jiǎ）：茶的别名。《尔雅》第十四篇《释木》：“槚，苦荼。”

②蔎（shè）：茶的别名。

③茗：北宋徐铉注《说文》作为新附字补入，注为“荼芽也”。三国吴陆玑《毛诗草木鸟兽虫鱼疏》卷上：“椒树似茱萸……蜀人作茶，吴人作茗，皆合煮其叶以为香。”据此，则茗字作为茶名来自长江中下游，后代成为主要的茶名之一。

④荈（chuǎn）：西汉司马相如《凡将篇》以“荈诧”迭用代表茶名。三国时“茶荈”二字连用，《三国志·吴书·韦曜传》：“曜素饮酒不过三升，初见礼异时，常为裁减，或密赐茶荈以当酒。”西晋杜育《荈赋》以后，“荈”字成为历代主要的茶名之一，现代已经很少用。

⑤周公云：指标名为周公所撰的《尔雅》。周公，姓姬名旦，周文王姬昌之子，周武王姬发之弟，武王死后，辅佐其子成王，改定官制，制作礼乐，完备了周朝的典章文物。伐纣灭商之后，曾被封于曲阜，是为鲁公，但未就封。因其采邑在成周，故称为周公。事见《史记·鲁周公世家》。

⑥扬执戟云：指扬雄《方言》。扬执戟，即扬雄（前

53—18），西汉文学家、哲学家、语言学家。字子云，蜀郡成都（在今四川）人，曾任黄门郎。汉代郎官都要执戟护卫宫廷，故称扬执戟。著有《法言》、《方言》、《太玄经》等。擅长辞赋，与司马相如齐名。《汉书》卷八七有传。按：《茶经》所引内容不见今本《方言笺疏》。

⑦郭弘农云：指郭璞《尔雅注》。郭弘农，即郭璞（276—324），字景纯，河东闻喜（在今山西）人，东晋文学家、训诂学家，道教术数大师，游仙诗的祖师。曾仕东晋元帝，明帝时因直言而为王敦所杀，后赠弘农太守，故称郭弘农。博洽多闻，曾为《尔雅》、《楚辞》、《山海经》、《方言》等书作注。《晋书》卷七二有传。郭璞注《尔雅》"槚，苦荼"云："树小如栀子，冬生叶，可煮作羹饮。今呼早采者为荼，晚取者为茗，一名荈。蜀人名之苦荼。"

【译文】

茶的名称，一是茶，二是槚，三是蔎，四是茗，五是荈。周公说："槚，就是苦荼。"扬雄说："四川西南人称茶为蔎。"郭璞说："早采的称为荼，晚采的称为茗，也有的称为荈。"

其地，上者生烂石[1]，中者生砾壤[2]，下者生黄土[3]。凡艺而不实[4]，植而罕茂[5]，法如种瓜[6]，三岁可采。野者上，园者次。阳崖阴林[7]，紫者上，绿者次[8]；笋者上，牙者次[9]；叶卷上，叶舒次[10]。阴山坡谷者[11]，不堪采掇[12]，性凝滞[13]，结瘕疾[14]。

【注释】

①烂石：碎石。山石经过长期风化以及自然的冲刷作用，山谷石隙间积聚着含有大量腐殖质和矿物质的土壤，土层较厚，排水性能好，土壤肥沃。

②砾（lì）壤：指砂质土壤或砂壤，含有未风化或半风化的碎石、砂粒，排水透气性能较好，含腐殖质不多，肥力中等。

③黄土：指黄壤，分布在热带、亚热带潮湿地区的黄色土壤，含有大量铁的氧化物，有黏性和强酸性，缺乏磷分，含腐殖质和茶树需要的矿物元素少，肥力低。中国南方和西南都有这种土壤。

④艺：种植。实：结实，充满。

⑤植而罕茂：用移栽的方法栽种，很少能生长得茂盛。旧时因而称茶为“不迁”。明陈耀文《天中记》：“凡种茶树必下子，移植则不复生。”植，栽种，移栽。

⑥法如种瓜：北魏贾思勰《齐民要术·种瓜》第十四：“凡种法，先以水净淘瓜子，以盐和之。先卧锄，耧却燥土，然后掊坑。大如斗口，纳瓜子四枚、大豆三个，于堆旁向阳中。瓜生数叶，掐去豆，多锄则饶子，不锄则无实。”唐末至五代时人韩鄂《四时纂要》载种茶法：“种茶，二月中于树下或北阴之地开坎，圆三尺，深一尺，熟劚著粪和土，每坑种六七十颗子，盖土厚一寸强，任生草，不得耘。相去二尺种一方，旱即以米泔浇。此物畏日，桑下竹阴地种之皆可，二年外方可耘治，以小便、稀粪、

蚕沙浇拥之，又不可太多，恐根嫩故也。大概宜山中带坡峻，若于平地，即须于两畔深开沟垄泄水，水浸根必死……熟时收取子，和湿土沙拌，筐笼盛之，穰草盖，不尔即乃冻不生，至二月出种之。”其要点是精细整地，挖坑深、广各尺许，施粪作基肥，播子若干粒。这与当前茶子直播法并无多大区别。

⑦阳崖：向阳的山崖。阴林：茂林，因为树木众多浓荫蔽日，故称阴林。

⑧紫者上，绿者次：原料茶叶以紫色者为上品，绿色者次之。这样的评判标准与现今的不同。陈椽《茶经论稿序》是这样解释的：“茶树种在树林阴影的向阳悬崖上，日照多，茶中的化学成分儿茶多酚类物质也多，相对地叶绿素就少；阴崖上生长的茶叶却相反。阳崖上多生紫牙叶，又因光线强，牙收缩紧张如笋；阴崖上生长的牙叶则相反。所以古时茶叶质量多以紫笋为上。”

⑨笋者：指茶的嫩芽，芽头肥硕长大，状如竹笋，成茶品质好。牙者：指新梢叶片已经开展，或茶树生机衰退，对夹叶多，表现为芽头短促瘦小，成品茶质量低。

⑩叶卷上，叶舒次：新叶初展，叶缘自两侧反卷，到现在仍是识别良种的特征之一。而嫩叶初展时即摊开，一般质量较差。

⑪阴山坡谷：山间不朝向太阳的斜坡地及深凹的低地。

⑫不堪：不能，不可。采掇：摘取。

⑬凝滞：凝结积聚。

⑭瘕（jiǎ）：腹中结块之病。马莳注《素问·大奇论》："瘕者，假也。块似有形，而隐见不常，故曰瘕。"南宋戴侗《六书故》："腹中积块也，坚者曰症，有物形曰瘕。"

【译文】

茶树生长的土壤，上等茶生在山石间积聚的土壤上，中等茶生在砂壤土中，下等茶生在黄泥土中。大凡种茶时，如果用种子播植却不踩踏结实，或是用移栽的方法栽种，很少能生长得茂盛。应该用种瓜法种茶，一般种植三年后，就可以采摘。野生茶叶的品质好，园圃里人工种植的较次。向阳山坡有林木遮荫的茶树，茶叶紫色的好，绿色的差；芽叶肥壮如笋的好，新芽展开如牙板的差；芽叶边缘反卷的好，叶缘完全平展的差。生长在背阴的山坡或谷地的茶树，不可以采摘。因为它的性质凝滞，喝了会使人生腹中结块的病。

茶之为用，味至寒[①]，为饮，最宜精行俭德之人[②]。若热渴、凝闷，脑疼、目涩，四支烦、百节不舒[③]，聊四五啜[④]，与醍醐、甘露抗衡也[⑤]。

【注释】

①茶之为用，味至寒：中医认为药物有五性，即寒、凉、温、热、平；有五味，即酸、苦、甘、辛、

咸。古代各医家都认为茶是寒性，但寒的程度则说法不一，有认为寒、微寒的。陆羽认为茶作为饮用之物，其味为“至寒”。

②精行俭德之人：修身养性、清静无为、生活简朴、为人谦逊的人。

③支：“肢”的古字。烦：困乏，疲劳。

④聊：略微。啜（chuò）：饮。

⑤醍醐（tíhú）：经过多次制炼的奶酪，味极甘美。佛教典籍以醍醐譬喻佛性，《涅槃经》十四《圣行品》：“譬如从牛出乳，从乳出酪，从酪出生酥，从生酥出熟酥，从熟酥出醍醐，醍醐最上……佛亦如是。”醍醐亦指美酒。甘露：即露水。《老子》：“天地相合以降甘露。”所以古人常常用甘露来表示理想中最美好的饮料。北宋李昉《太平御览》引《瑞应图》载：“甘露者，美露也。神灵之精，仁瑞之泽，其凝如脂，其甘如饴，一名膏露，一名天酒。”

【译文】

茶的功用，性味寒凉，作为饮料，最适宜品行端正有俭约谦逊美德的人。人们如果发热口渴、胸闷，头疼、眼涩，四肢疲劳、关节不畅，只要喝上四五口茶，其效果与最好的饮品醍醐、甘露相当。

采不时，造不精，杂以卉莽，饮之成疾。茶为累也①，亦犹人参。上者生上党②，中者生百济、新罗③，下者生高丽④。有生泽州、易州、幽州、檀州者[⑤]，为药无效，况非此者？设服荠苨[⑥]，使六疾不瘳[⑦]，知人参为累，则茶累尽矣。

【注释】

①累：过失，妨害。

②上党：在今山西南部地区。战国时为韩地，秦设上党郡，因其地势甚高，与天为党，因名上党。唐代属河东道潞州。

③百济：朝鲜半岛古国，在今朝鲜半岛西南部汉江流域一带，1世纪兴起，7世纪中叶统一于新罗。新罗：朝鲜半岛古国，在今朝鲜半岛南部，公元前57年建国，后为王氏高丽取代，与中国唐朝有密切关系。

④高丽：即古高句丽国，后为卫氏高丽所并，在今朝鲜半岛北部。

⑤泽州：唐时属河东道，在今山西晋城。易州：唐时属河北道，在今河北易县。幽州：唐属河北道，在今北京及周边地区。檀州：唐属河北道，在今北京密云一带。

⑥荠苨（jìnǐ）：药草名。又名地参。草本植物，属桔梗科。根味甜，可入药，根茎与人参相似。北齐刘昼《刘子新论·心隐第二十二》："愚与直相像，若荠苨之乱人参，蛇床之似蘼芜也。"明李时珍《本草纲目·草一·荠苨》引陶弘景："荠苨根茎都似人参，而叶小异，根味甜绝，能杀毒，以其与毒药共处，毒皆自然歇，不正入方家用也。"

⑦六疾：六种疾病，即寒疾、热疾、末（四肢）疾、腹疾、惑疾、心疾。《左传·昭公元年》："天有六气，降生五味……淫生六疾。六气曰阴、阳、风、雨、晦、明也。分为四时，序为五节，过则为灾。阴淫寒疾，阳淫热疾，风淫末疾，雨淫腹疾，晦淫惑疾，明淫心疾。"后以"六疾"泛指各种疾病。瘳（chōu）：病愈。

【译文】

如果茶叶采摘不合时节，制造不够精细，夹杂着野草败叶，喝了就会生病。茶可能对人造成的妨害，如同人参。上等的人参出产在上党，中等的出产在百济、新罗，下等的出产在高丽。泽州、易州、幽州、檀州出产的人参，作药用没有疗效，更何况那些比它们还不如的人参呢？倘若误把荠苨当人参服用，将会使各种疾病不得痊愈。明白了人参对人的妨害，茶对人的妨害，也就可明白了。

二之具

本章详细介绍了采摘、制造、贮藏蒸青饼茶的一系列十多种器具，从形状、质地、尺寸到用法、功能，一一细详列举。从系列用具中可以看到，唐代饼茶的生产工序紧凑而完整。从籝、芘莉、焙等用具的尺寸来看，唐代饼茶生产是有一定规模的，从中也可见唐代社会对茶叶的需求量较大。

虽然在《论语》中就有"工欲善其事，必先利其器"的成语，但是自汉武帝采纳董仲舒的建议"罢黜百家，独尊儒术"之后，中国古代文士大夫以诗书传家，帝王官府以经义取士，先秦儒家倡导的六艺——数、书、礼、御、乐、射，大多被士人摒弃殆尽。士人们在日渐不能坐而论道的同时，也慢慢丧失了他们在科技、生产等方面的智力与能力。甚至在士人的评价体系中，技能与机巧都成为了负面的能力与事务。在这样的社会文化背景下，陆羽对于采摘、制造、保藏茶叶工具的全面介绍，更显得难能可贵。

陆羽对整套制茶工具的细致介绍，使得唐代蒸青饼茶的生产工艺能够在一千多年之后仍然清晰地展现在人们的眼前，使之不致因中国制茶工艺的发展演变舍之不用而尘封零落，也让人们看到日本蒸青抹茶的源头所在。

在"茶人负以采茶"句中，陆羽首次提出了"茶人"的概念，与当下的茶人概念有所不同。陆羽之于茶，是从采摘、制造、煎煮到饮用全过程参与的，他所言茶人应该是指参与茶叶采制到饮用流程的人。然而由于时移境迁，社会分工的日益细致成熟，种茶摘茶的人成为茶农茶工，基本成为原料鲜叶或毛茶的单纯提供者，而不再是制作——贸易——消费这些被视作茶业重要环节从业的茶人了。茶叶在农、工、商三个领域利润的巨大差距，导致了在这三大产业领域茶叶从业人员地位的悬殊，种茶摘茶的人始终只能被称为“茶农”，参照陆羽的“茶人”概念，可知这种现象是种遗憾。缺少了种茶摘茶人的茶人概念可谓不完整，种茶摘茶人的地位畸轻，也正是中国茶业拼图不能很完整的重要原因之一。陆羽所提的茶人概念，应该是个高远的警醒。

籯加追反[1]，一曰篮，一曰笼，一曰筥[2]，以竹织之，受五升[3]，或一斗、二斗、三斗者[4]，茶人负以采茶也。籯，《汉书》音盈，所谓"黄金满籯，不如一经[5]"。颜师古云[6]："籯，竹器也，受四升耳。"

【注释】

①籯（yíng）：筐、笼一类的盛器，也作"籝"。原注音加追反，误。

②筥（jǔ）：圆形的盛物竹器。《诗经》毛传："方曰筐，圆曰筥。"

③升：唐代一升约合今天的0.6升。

④斗：一斗合十升，唐代一斗约合今天6升。

⑤黄金满籯，不如一经：此句出自《汉书·韦贤传》："遗子黄金满籯，不如一经。"刘逵为《昭明文选》作注引《韦贤传》时"籯"作"籝"，陆羽《茶经》沿用此"籝"。

⑥颜师古：名籀，字师古，以字行，京兆万年（在今陕西西安）人。颜师古少传家业，遵循祖训，博览群书，学问通博，擅长于文字训诂、声韵、校勘之学。曾为班固《汉书》等书作注。曾仕唐太宗朝，官至中书侍郎。《旧唐书》、《新唐书》有传。

【译文】

籯加追反，又叫篮，又叫笼，又叫筥，用竹编织，容积五升，或一斗、二斗、三斗，是茶人背着采茶用的。籯，《汉书》音盈，有"黄金满籯，不如一经"的说法。颜师古注：

“籯，是一种竹器，容量四升。”

灶，无用突者[1]。釜[2]，用唇口者[3]。

【注释】

①突：烟囱。陆羽提出茶灶不要有烟囱，是为了使火力集中锅底，这样可以充分利用锅灶内的热能。唐陆龟蒙《茶灶》：“无突抱轻岚，有烟映初旭。”描绘了当时茶灶不用烟囱的情形。

②釜（fǔ）：古炊器。敛口，圜底，或有二耳。其用如鬲，置于灶口，上置甑以蒸煮。盛行于汉代。有铁制的，也有铜制和陶制的。相当于现在的锅。

③唇口：敞口，锅口边沿向外反出。

【译文】

灶，不要用有烟囱的，这样可以使火力集中于锅底。釜，要用锅口向外翻出有唇边的。

甑[1]，或木或瓦，匪腰而泥[2]，篮以箄之[3]，篾以系之[4]。始其蒸也，入乎箄；既其熟也，出乎箄。釜涸，注于甑中。甑，不带而泥之[5]。又以穀木枝三桠者制之[6]，散所蒸牙笋并叶，畏流其膏[7]。

【注释】

①甑（zèng）：古代用于蒸食物的炊器，类似于现代的蒸锅。

②匪腰而泥：甑不要用腰部突出的，而要将甑与釜连接的部位用泥封住。这样可以最大限度地利用锅釜中的热力效能。下文“甑，不带而泥之”实是注这一句的。

③篮以箄（bǐ）之：用篮状竹编物放在甑中作隔水器。箄，小笼，覆盖甑底的竹席。扬雄《方言》：“箄，篆也（古管字）……篆小者……自关而西秦晋之间谓之箄。”郭璞注：“今江南亦名笼为箄。”

④篾以系之：用篾条系着篮状竹编物隔水器箄，以方便其进出甑。

⑤带：系束，捆缚。泥之：用稀泥或如稀泥一样的东西涂抹或封固。

⑥以榖（gǔ）木枝三桠者制之：用有三条枝桠的榖木制成叉状器物。榖木，落叶乔木。初夏开淡绿色小花，雌雄异株。果实圆球形，成熟时鲜红色。皮可制桑皮纸。又称构或楮。在中国分布很广，它的树皮韧性大，可用来制作绳索，故下文有“纫榖皮为之”语，其木质韧性也大，且无异味。

⑦膏：膏汁，指茶叶中的精华。

【译文】

甑，木制或陶制。腰部不要突出，用泥封抹。甑内放竹篮作隔水器，并用竹篾系着，以方便将竹篮放入及提出甑内。开始蒸的时候，将茶叶放到竹篮内；等到蒸熟了，将茶叶从竹篮中倒出。锅里的水快煮干时，从甑中加水进去。甑，腰部不要用绑绕而用泥封抹。还要用三杈的榖木制成叉状器，抖散蒸后的嫩芽叶，以免茶汁流失。

杵臼[1]，一曰碓[2]，惟恒用者佳。

【注释】

①杵臼：杵与臼。舂捣粮食或药物等的工具。

②碓（duì）：舂米的工具。最早是一臼一杵，用手执杵舂米。后用柱架起一根木杠，杠端系石头，用脚踏另一端，连续起落，脱去下面臼中谷粒的皮。尔后又有利用畜力、水力等代替人力的，使用范围亦扩大，如舂捣纸浆等。

【译文】

杵臼，又名碓，以经常使用的为好。

规，一曰模，一曰棬[1]，以铁制之，或圆，或方，或花。

【注释】

①棬（quān）：像升或盂一样的器物，曲木制成。

【译文】

规，又叫模，又叫棬，用铁制成，有圆形，有方形，有花形。

承，一曰台，一曰砧[1]，以石为之。不然，以槐桑木半埋地中，遣无所摇动。

【注释】

①砧（zhēn）：垫座。

【译文】

承，又叫台，又叫砧，用石制成。不然，用槐树、桑树半截埋在土中，使它不能摇动。

檐[①]，一曰衣，以油绢或雨衫、单服败者为之[②]。以檐置承上，又以规置檐上，以造茶也。茶成，举而易之。

【注释】

①檐（yán）：亦作“簷”。凡物下覆，四旁冒出的边沿都叫檐。这里指铺在砧上的布，用以隔离砧与茶饼，使制成的茶饼易于拿起。

②油绢：涂过桐油或其他干性油的绢布，有防水性能。雨衫：防雨的衣衫。单服：单薄的衣服。

【译文】

檐，又叫衣，可用油绢或穿坏了的雨衣、单衣来做。把檐放在承上，再把规放在檐上，就可以压制茶饼了。压制成饼后，可以很方便地拿起来，再做另外一个。

芘莉音杷离[①]，一曰籝子，一曰筹筤[②]。以二小竹，长三尺，躯二尺五寸，柄五寸。以篾织方眼，如圃人土罗，阔二尺以列茶也。

【注释】

①芘莉（bìlì）：芘、莉为两种草名。此处指一种用草编织成的列茶工具。原注音为杷离，与今音不同。

②筹筤（pánglánɡ）：筹、筤为两种竹名。此处义同芘莉，指一种用竹编成的笼、盘、箕一类的列茶工具。扬雄《方言》："笼，南楚江沔之间谓之筹。"

【译文】

芘莉音杷离，又名籯子，又名筹筤。用两根三尺长的小竹竿，制成身长二尺五寸，手柄长五寸，宽二尺的工具，用竹篾织成方眼状的竹匾，就像种菜人用的土罗，用来放置刚制成的茶饼。

棨[①]，一曰锥刀。柄以坚木为之，用穿茶也。

【注释】

①棨（qǐ）：古时刻木以为信符称为棨，另指仪仗中用黑缯装饰的戟。此处指用来在茶饼上钻孔的锥刀。

【译文】

棨，又叫锥刀。用坚实的木料做柄，用来给茶饼穿孔。

扑[①]，一曰鞭。以竹为之，穿茶以解茶也[②]。

【注释】

①扑：穿茶饼的绳索、竹条。

②解（jiè）：搬运，运送。

【译文】

扑，又叫鞭。用竹条做成，用来把茶饼穿成串，以便搬运。

焙[①]，凿地深二尺，阔二尺五寸，长一丈。上作短墙，高二尺，泥之。

【注释】

①焙（bèi）：微火烘烤。这里指烘焙茶饼用的焙炉，又泛指烘焙用的装置或场所。

【译文】

焙，地上挖坑深二尺，宽二尺五寸，长一丈。上砌矮墙，高二尺，用泥涂抹。

贯[①]，削竹为之，长二尺五寸，以贯茶焙之。

【注释】

①贯：贯串茶饼用以焙茶的长竹条。

【译文】

贯，用竹子削成，长二尺五寸，用来焙茶时贯串茶饼。

棚，一曰栈。以木构于焙上，编木两层，高一尺，以焙茶也。茶之半干，升下棚；全干，升上棚。

【译文】

棚，又叫栈。用木做成架子，放在焙上，分为两层，层高一尺，用来烘焙茶饼。茶饼半干时，放到下层；全干时，升到上层。

穿音钏[①]，江东、淮南剖竹为之[②]。巴川峡山纫榖皮为之[③]。江东以一斤为上穿，半斤为中穿，四两五两为小穿。峡中以一百二十斤为上穿[④]，八十斤为中穿，五十斤为小穿。穿字旧作钗钏之“钏”字，或作贯串。今则不然，如磨、扇、弹、钻、缝五字，文以平声书之，义以去声呼之，其字以穿名之。

【注释】

①穿（chuàn）：贯串制好茶饼的索状工具。

②江东：唐开元十五道之一江南东道的简称。按：唐贞观元年（627），分全国为十道，关内、河南、河东、河北、山南、陇右、淮南、江南、剑南、岭南，政区为道、州、县三级。开元二十一年（733），增为十五道，即京畿、关内、都畿、河南、河东、河北、山南东道、山南西道、陇右、淮南、江南西道、江南东道、黔中、剑南、岭南。天宝初，州改称郡，前后又将一些道划分为几个节度使（或观察使、经略使）管辖，今称为方镇。乾元元年（758），又改郡为州。淮南：唐代贞观十道、开元十五道之一，以在淮河以南为名，其辖境在今江苏中部，安徽、

河南的南部，湖北东部，治所在扬州（在今江苏扬州）。

③巴川峡山：指渝东、鄂西地区，今湖北宜昌至重庆奉节的三峡两岸。

④峡中：指重庆、湖北境内的三峡地带。

【译文】

穿音钏，江东、淮南剖分竹子制作。巴川、峡山地区用榖树皮制作。江东把一串一斤的茶称为上穿，半斤的称为中穿，四两、五两的（十六两制）称为小穿。峡中地区则称一百二十斤为上穿，八十斤为中穿，五十斤为小穿。穿字，原先作钗钏的"钏"字，或作贯串。现在则不同，像磨、扇、弹、钻、缝五字一样，写在文章中是平声，作动词，表示名词的意思则要读去声，字意也按读去声的来讲，字形就写穿。

育，以木制之，以竹编之，以纸糊之。中有隔，上有覆，下有床，傍有门，掩一扇。中置一器，贮煻煨火①，令煴煴然②。江南梅雨时③，焚之以火。育者，以其藏养为名。

【注释】

①煻煨（tángwēi）：热灰，可以煨物。

②煴（yūn）煴：火势微弱没有火焰的样子。

③江南梅雨时：农历四五月梅子黄熟时，江南正是阴雨连绵、非常潮湿的季节，为梅雨时节。江南，长

江以南地区。一般指今江苏、安徽两省的南部和浙江一带。

【译文】

育，用木制作，用竹篾编织，再用纸裱糊。中间有槅档，上有盖，下有底盘，旁边有门，掩着一扇门。中间放一器皿，里面盛着热灰火，这样的火火势微弱没有火焰。江南梅雨季节时，烧火除湿。育，因为对茶有保藏养益作用而定名。

三之造

本章概述了采制茶叶的节气时令要求，制茶的工序，以及成品茶的外形特征与品质高下之鉴别方法。

陆羽首先明确采茶的时间是在二、三、四月之间，时当仲春、季春与孟夏，采制之茶主要是春茶。在陆羽之前，晋郭璞虽有“早采为荼，晚采为茗”即春茶秋茶皆有的记载，不过从晋杜育《荈赋》所言“月惟初秋，农功少休”来看，似乎还更重视秋茶一些，因为秋天农事—— 主要粮食生产已经完成，此时采茶，不会妨碍农事，可见茶业完全是农业的附属。《茶经》讲求采制春茶，完全是从茶叶本身特性出发的，因为春茶正如唐代杨晔《膳夫经手录》所言蒙顶茶:“春时，所在吃之皆好。”这可谓是茶叶至陆羽时代的发展要求与体现，对此后茶业的日益发展与繁荣有着决定性的影响:“自从陆羽生人间，人间相学事春茶。”

陆羽在本章对采制茶叶的第一步—— 采茶提出了很高的要求，一是要带露采茶，二是采茶当日的天气须得是晴天无云。

在晴天无云时采茶，是非常实用的经验之谈，适当的温度以及湿度条件对于手工制造好茶而言，是最基本的要求，辅之以当天完成的蒸、造、烘焙等工序，才能制出好茶。虽然晴天采茶的要求，已经被实践证明比较合理，不过随着人们对茶叶研究的加深，以及生产茶叶条件的改善，以及新茶及时下树的要求，现在早已经是阴雨天也可以采茶了。

《茶经》“凌露采焉”即带露采茶的要求，出于对鲜叶品质的讲求，即保证鲜叶的滋润。此后这项要求转向了芽叶嫩度等方面。

而关于生产流程，陆羽总共只用了十四个字就交待了唐代蒸青饼茶的全部生产流程工序："采之，蒸之，捣之，拍之，焙之，穿之，封之"，与上一章《二之具》中相应的生产用具相互印证，简洁而清晰。

本章的绝大部分篇幅，都在阐述饼茶的品质与鉴别，表明成品茶的品质鉴定，在唐代就是一个重要问题，表明陆羽对于这一问题的重视以及这一问题的难度之大。作为须加工而成的植物产品，加工品质与成品饼茶品质成等比对应，采制合时得宜者，大抵能制成"精腴"的好茶，反之只能制成"瘠老"的差茶。陆羽介绍了几种加工方式与茶饼表面特征的对应关联，唐代饼茶因为紧压成形，所以鉴别主要是从茶饼的外观色泽纹理着手，并称"茶之否臧，存于口诀"而不再作更多详细介绍。这表明中唐时已经有口诀言传鉴别饼茶的方法经验，可见鉴茶在当时已经是茶叶普泛而重要的问题。

陆羽《茶经》首次提出成品茶的鉴别课题，此后，不论茶叶的制作工艺、外观形态如何发展，茶叶品质的鉴定始终是业界评审和消费者都要关心的重大问题。

凡采茶在二月、三月、四月之间①。

【注释】

①凡采茶在二月、三月、四月之间：唐历与现今的农历基本相同，其二、三、四月相当于现在公历的三月中下旬至五月中下旬，也是现今中国大部分产茶区采摘春茶的时期。

【译文】

茶叶采摘，一般都在农历二月、三月、四月之间。

茶之笋者，生烂石沃土，长四五寸，若薇蕨始抽①，凌露采焉②。茶之牙者，发于丛薄之上③，有三枝、四枝、五枝者，选其中枝颖拔者采焉④。其日有雨不采，晴有云不采。晴，采之，蒸之，捣之，拍之，焙之，穿之，封之，茶之干矣⑤。

【注释】

①薇蕨：薇和蕨。嫩叶都可作蔬。此处用来比喻新抽芽的茶叶。

②凌露采焉：趁着露水还挂在茶叶上没干时就采茶。

③丛薄：丛生的草木。

④颖拔：挺拔。

⑤茶之干矣：茶就做成了。

【译文】

肥壮如春笋紧裹的芽叶，生长在有风化碎石的肥沃土壤里，长四五寸，当它们刚刚抽芽像薇、蕨嫩叶一样时，带着露水采摘。次一等的茶叶生长在丛生的茶树枝条上，有同时抽生三枝、四枝、五枝的，选择其中长得挺拔的采摘。当天有雨不采茶，晴天有云也不采。在天晴无云时，采摘茶叶，放入甑中蒸熟，后用杵臼捣烂，再放到棬模中拍压成饼，接着焙干，最后穿成串，包装好，茶叶就制造完成了。

茶有千万状，卤莽而言①，如胡人靴者②，蹙缩然京锥文也③；犎牛臆者④，廉襜然⑤；浮云出山者，轮囷然⑥；轻飙拂水者⑦，涵澹然⑧；有如陶家之子，罗膏土以水澄泚之谓澄泥也⑨；又如新治地者，遇暴雨流潦之所经。此皆茶之精腴。有如竹箨者⑩，枝干坚实，艰于蒸捣，故其形籭簁然上离下师⑪；有如霜荷者，茎叶凋沮⑫，易其状貌，故厥状委悴然⑬。此皆茶之瘠老者也。

【注释】

①卤莽而言：粗疏地说，大致而言。

②胡：中国古代对北部和西部非汉民族的通称，他们通常穿着长筒的靴子。

③蹙（cù）：皱缩。京锥文：不能确解。吴觉农《茶经校注》解释为箭矢上所刻的纹理，周靖民解为大钻子刻划的线纹，日本布目潮沨沿大典禅师的解说，认为是一种当时著名的纹样。文，纹理。

④犎（fēng）牛：一种野牛，其颈后肩胛上肉块隆起。亦名封牛、峰牛。一说即单峰驼。臆（yì）：胸部。

⑤廉襜（chān）然：像帷幕一样有起伏。廉，边侧。襜，围裙，车帷。

⑥轮囷（qūn）：曲折回旋状。囷，回旋，围绕。

⑦轻飙（biāo）：轻风。

⑧涵澹（dàn）：水因微风而摇荡的样子。澹，水波起伏。引申为飘动，摇动。

⑨澄（dèng）：沉淀，使液体中的杂质沉淀分离。泚（cǐ）：清澈，鲜明。澄泥：陶工淘洗陶土。

⑩箨（tuò）：竹笋皮。包在新竹外面的皮叶，竹长成逐渐脱落。俗称笋壳。

⑪簏（shāi）：同“筛”，竹筛，可以去粗取细。簁（shāi）：筛子。按原注音簏簁音离师与今音不同。

⑫凋沮：凋谢，枯萎，败坏。

⑬委悴：枯萎，憔悴，枯槁。

【译文】

茶饼外观千姿百态，粗略地说，有的像胡人的靴子，皮面皱缩像京锥的纹样；有的像犎牛的胸部，有起伏的褶皱；有的像浮云出山，曲折盘旋；有的像轻风拂水，微波涟漪；有的像陶匠箩筛陶土，再用水淘洗出的泥膏那么细腻陶工淘洗陶土称为澄泥；有的又像新平整的土地，被暴雨急流冲刷过后的平滑。这些都是精美上等的茶。有的茶叶老得像笋壳，枝梗坚硬，很难蒸捣，以之制成的茶饼像簏簁音离师——箩筛一样坑坑洼洼；有的茶叶像经历秋霜的荷叶，茎叶凋零萎败，已经变形，以之制成的茶饼外貌枯槁。这些都是粗老不好的茶。

自采至于封七经目，自胡靴至于霜荷八等。或以光黑平正言嘉者，斯鉴之下也；以皱黄坳垤言佳者[①]，鉴之次也；若皆言嘉及皆言不嘉者，鉴之上也。何者？出膏者光，含膏者皱；宿制者则黑，日成者则黄；蒸压则平正，纵之则坳垤[②]。此茶与草木叶一也。茶之否臧[③]，存于口诀。

【注释】

①坳垤（àodié）：指茶饼表面凹凸不平整。坳，土地低凹。垤，小土堆。

②纵之：放任草率，不认真制作。

③否臧（pǐzāng）：优劣。否，恶。臧，善，好。

【译文】

从采摘到封装，经过七道工序，从类似靴子的皱缩状到类似经霜荷叶的萎败状，共八个等级。有人把黑亮、平整作为好茶的标志，这是下等的鉴别方法；从皱缩、黄色、凹凸等方面特征来鉴别好茶，这是次等的鉴别方法；若能从总体指出茶的好处，又能从总体道出不好处，才是最好的鉴别方法。为什么呢？因为压出了茶汁的就光亮，含有茶汁的就皱缩；隔夜制成的色黑，当天制成的色黄；蒸后压得紧的就平整，任其自然不紧压的就凹凸不平。这是茶和草木叶共同的情况。茶叶品质好坏的鉴别，存有口诀。

卷中

四之器

本章详细介绍了全套茶具二十五组共计二十九种器具的尺寸、材质、功能以至装饰图案，包括生火、煮茶、取茶、盛取盐、盛取水、饮用、清洁和陈设八大方面，大者厚重如风炉，小者轻微如拂末、纸囊，无一不备。

设计成套茶具专门用于饮茶，是陆羽的首创。专门茶具的出现，是茶文化成熟与独立的标志之一。茶道艺与完整成套的茶器具密不可分，因为它们正是“茶道大行”的载体，完整的煮饮茶程式，凭藉成套茶具而行。而其所以能称为茶道者，尚有陆羽对于茶及社会政治文化相关的一些理念，这些理念，陆羽以简洁的文字与图形卦象等，镌刻在了茶具之上。

风炉，是此中之重器，在陆羽自己所设计的风炉上，集中镌刻了陆羽的一些相关思想理念。一是匡时济世的思想。在炉身三个风窗上刻六字成二句:“伊公羹，陆氏茶”，直言陆羽对于茶对于《茶经》所寄予的厚望。商汤武王时，伊尹操俎负鼎煮羹理政而为名相，陆羽以自己所煮之茶与伊尹治理国家所煮之羹对称而言，表明他自己希望茶可以凭籍《茶经》跻入时世政治从而有助于匡时济世的向往与抱负。二是社会和平的理想。在风炉的三足上，分别刻写了三句文字，其中一足之上书刻“圣唐灭胡明年铸”，“圣唐灭胡”指唐朝彻底平定安史之乱。唐玄宗天宝十四载（755），安禄山叛，安史之乱爆发。唐廷依靠郭子仪、李光弼等九节度使的统兵以及向回纥借兵，于广德元年（763）彻底平定历时近八年的安史之乱。陆羽在自己设计的风炉上对于唐朝彻底平定安史之乱历史时间加以刻写，表明他对社会和平的向往。三是和谐健体的思想。风炉一足之上书“体均五行去百疾”，五行学说认为世界万物都是由金、木、水、火、土五种基本元素构成的，在不同的事物上有不同的表现。五行之间相生相克，形成各种自然和人生现象。五行在人体中对应着五脏：肝、心、脾、肺、肾，如果人体的五行均衡协调，人就不会生任何疾病。表明陆羽通过茶对自然和谐、养身健体的追求。风炉另一足之上书刻“坎上巽下离于中”，风炉内的墆㙐分三格，分别刻画坎、巽、离三卦，又涉及八卦理论，它是比五行理论更为繁复的表现和演变人生与自然现象的理论。因为三卦在风炉煮水时相生相成，所以陆羽是在相生相成均衡和谐的层面上运用五行八卦理论，以期为茶，为人，求得均衡与健康。

在茶具的取材上，陆羽多次表现了他的自然主义的观照，如多用木、竹、铁制作茶具等，其启示是：对器具的过度追求是不必要的，它们或者会损害茶味品质甚至人体健康，或者会伤及事茶之人的“精行俭德”。

而在各种适宜的器具上，陆羽都不忘记给以适当的装饰，如在风炉上饰以“连葩、垂蔓、曲水、方文之类”，在炭檛“执细头系一小辗以饰檛”，等等。这些美学的观照，似乎是一种本能，表现了陆羽对于茶，乃至对于生活的热爱。

本章还特别讲求茶具与茶汤的相互协调映衬，陆羽通过对茶碗的具体论述表达出来的对于器具与茶汤效果的谐调与互相映衬的观念，可以说是择器的根本原则，对于择器配茶、茶席茶会设计等，有原则性指导意义。

风炉灰承	筥	炭檛	火筴	鍑
交床	夹	纸囊	碾拂末	罗合
则	水方	漉水囊	瓢	竹筴
鹾簋揭	熟盂	碗	畚纸帊	札
涤方	滓方	巾	具列	都篮①

【注释】

①以上是茶器的目录，小注文是该茶器的附属器物。此处所列二十五种（加上附属器四种共有二十九种），与《九之略》中“但城邑之中，王公之门，二十四器阙一，则茶废矣……”之数目“二十四”不符。文中有“以则置合中”，或许是陆羽自己将罗合与则计为一器，则是二十四器了。

【译文】

风炉灰承	筥	炭檛	火筴	鍑
交床	夹	纸囊	碾拂末	罗合
则	水方	漉水囊	瓢	竹筴
鹾簋揭	熟盂	碗	畚纸帊	札
涤方	滓方	巾	具列	都篮

风炉 灰承

风炉以铜铁铸之，如古鼎形，厚三分，缘阔九分，令六分虚中，致其杇墁①。凡三足，古文书二十一字②。一足云：“坎上巽下离于中③”，一足云：“体均五行去百疾④”，一足云：“圣唐灭胡明年铸⑤”。

其三足之间，设三窗。底一窗以为通飙漏烬之所。上并古文书六字，一窗之上书“伊公”二字[6]，一窗之上书“羹陆”二字，一窗之上书“氏茶”二字。所谓“伊公羹，陆氏茶”也。置墆㙞于其内[7]，设三格：其一格有翟焉[8]，翟者，火禽也，画一卦曰离；其一格有彪焉[9]，彪者，风兽也，画一卦曰巽；其一格有鱼焉，鱼者，水虫也[10]，画一卦曰坎。巽主风，离主火，坎主水，风能兴火，火能熟水，故备其三卦焉。其饰，以连葩、垂蔓、曲水、方文之类[11]。其炉，或锻铁为之[12]，或运泥为之。其灰承，作三足铁柈台之[13]。

【注释】

①杇墁（wūmàn）：涂抹墙壁。此处指涂抹风炉内壁的泥粉。杇，粉刷，涂饰。墁，墙壁上的涂饰。

②古文：上古之文字，如甲骨文、金文、古籀文和篆文等。

③坎上巽（xùn）下离于中：坎、巽、离均为八卦及六十四卦的卦名之一。坎的卦形为“☵”，象水；巽的卦形为“☴”，象风象木；离的卦形为“☲”，象火象电。煮茶时，坎水在上部的锅中，巽风从炉底之下进入助火之燃，离火在炉中燃烧。

④五行：指水、火、木、金、土，我国古代称构成各种物质的五种元素，并以此说明宇宙万物的构成和变化。

⑤圣唐灭胡明年铸：灭胡，一般指唐朝彻底平定了安

禄山、史思明等人的八年叛乱的广德元年（763），陆羽的风炉造在此年的明年即764年。据此句可知《茶经》于764年之后曾经修改。

⑥伊公：即伊挚，相传他在公元前17世纪初辅佐汤武王灭夏桀，建立殷商王朝，担任大尹（宰相），所以又称之为伊尹。据说他很会烹调煮羹，“负鼎操俎调五味而立为相”。

⑦墆㙞（dìniè）：置于炉膛内靠底部位置的炉箅子。墆，底。㙞，小山。

⑧翟（dí）：长尾的山鸡，又称雉。我国古代认为野鸡属于火禽。

⑨彪：小虎。我国古代认为虎从风，属于风兽。

⑩水虫：指水族，水产动物。

⑪连葩：连缀的花朵图案。葩，花。垂蔓：小草藤蔓缀成的图案。曲水：曲折回荡的水波形图案。方文：方块或几何形花纹。

⑫锻铁：打铁锻造。

⑬柈（pán）：后多作“盘”，盘子。台：有光滑平面、由腿或其他支撑物固定起来的像台的物件。

【译文】

风炉，用铜或铁铸成，形状像古鼎，壁厚三分，炉口边缘宽九分，向炉腔内空出六分，抹满泥土。炉有三足，上面用上古文字字体写有二十一个字。一足上写“坎上巽下离于中”，一足上写“体均五行去百疾”，一足上写“圣唐灭胡明年铸”。在三足之间开三个窗口。炉底部一个窗口，用来通风漏灰。三个窗口上书写六个古体文字，一个窗口上写“伊公”二字，一个窗口上写“羹陆”二字，一个窗口上写“氏茶”二字。连起来就是“伊公羹，陆氏茶”。炉腔内设置放燃料的炉箅子，分为三格：一格上有翟，翟是火禽，刻画一个离卦；一格上有彪，彪是风兽，刻画一巽卦；一格上有鱼，鱼是水虫，刻画一坎卦。巽表示风，离表示火，坎表示水。风能使火烧旺，火能把水煮开，所以要有这三个卦。炉身用花卉、藤草、流水、方形花纹等图案来装饰。风炉也有打铁锻造的，也有揉泥做的。灰承是有三只脚的铁盘，用来承接炉灰。

筥

筥，以竹织之，高一尺二寸，径阔七寸。或用藤，作木楦如筥形织之①，六出圆眼②。其底盖若利箧口③，铄之④。

【注释】

①楦（xuàn）：制鞋帽所用的模型。这里指筥形的木架子。

②六出：花开六瓣及雪花结晶成六角形都叫六出。这里指用竹条编织出六角形的洞眼。

③利箧（qiè）：竹箱子。“利”当为“莉”，一种小竹。箧，长而扁的竹箱笼。

④铄（shuò）：磨削平整以美化。

【译文】

筥，用竹子编制，高一尺二寸，直径七寸。或者用藤在像筥形的木架子上编织而成，编织时要编出六角形的洞眼。筥的底和盖就像竹箱子的口部，磨削光滑。

炭檛[1]

炭檛，以铁六棱制之，长一尺，锐上丰中[2]，执细头系一小镮以饰檛也[3]，若今之河陇军人木吾也[4]。或作锤，或作斧，随其便也。

【注释】

①炭檛（zhuā）：碎炭用的铁棒。

②锐上丰中：指铁檛上端细小，中间粗大。

③镮（zhǎn）：炭檛上灯盘形的饰物。

④河：指唐陇右道河州，在今甘肃临夏附近。陇：指唐关内道陇州，在今陕西陇县。木吾：木棒名。汉代御史、校尉、郡守、都尉、县长之类官员皆用木吾夹车。吾，防御。

【译文】

炭檛，用六棱形的铁棒制作，长一尺，头部尖，中间粗，在握把细的那头拴上一个小镮作为装饰，好像现在河州、陇州地区的军人所使用的木棒。有的也做成锤形，或者做成斧形，各随其便。

火筴

火筴，一名筯[1]，若常用者。圆直一尺三寸，顶平截，无葱台勾锁之属[2]，以铁或熟铜制之。

【注释】

①筯（zhù）：火筴子。

②无葱台勾锁之属：指火筴头无装饰。

【译文】

火筴，又叫筯，和平常用的一样。形状圆而直，长一尺三寸，顶端平齐，没有葱台勾锁之类的装饰，用铁或熟铜制作。

鍑 音辅，或作釜，或作鬴[①]。

鍑，以生铁为之。今人有业冶者，所谓急铁[②]。其铁以耕刀之趄[③]，炼而铸之。内模土而外模沙[④]。土滑于内，易其摩涤；沙涩于外，吸其炎焰。方其耳，以正令也[⑤]。广其缘，以务远也[⑥]。长其脐，以守中也[⑦]。脐长，则沸中[⑧]；沸中，则末易扬；末易扬，则其味淳也。洪州以瓷为之[⑨]，莱州以石为之[⑩]。瓷与石皆雅器也，性非坚实，难可持久。用银为之，至洁，但涉于侈丽。雅则雅矣，洁亦洁矣，若用之恒，而卒归于银也[⑪]。

【注释】

①鬴（fǔ）：同“釜”，相当于锅。

②急铁：指前文所言的生铁。

③耕刀之趄（qiè）：用坏了不能再使用的犁头。耕刀，犁头。趄，残破，缺损。

④内模土而外模沙：制鍑的内模用土制作，外模用沙

制作。

⑤以正令也：使之端正。

⑥广其缘，以务远也：锼顶部的口沿要宽一些，可以将火的热力向全锼引伸，使烧水沸腾时有足够的空间。

⑦长其脐，以守中也：锼底脐部要略突出一些，以使火力能够集中。

⑧脐长，则沸中：锼底脐部略突出，则煮开水时就可以集中在锅中心位置沸腾。

⑨洪州：唐江南道、江南西道属州，在今江西南昌，历来出产褐色名瓷。天宝二年（743），韦坚凿广运潭，献南方诸物产，豫章郡（洪州天宝间改称名）船所载即"名瓷，酒器，茶釜、茶铛、茶椀"等，在长安望春楼下供玄宗及百官观赏。

⑩莱州：汉代东莱郡，隋改莱州，唐沿之，治所在今山东掖县，唐时的辖境大概在今山东掖县、即墨、莱阳、平度、莱西、海阳等地。《新唐书·地理志》载莱州贡石器。

⑪而卒归于银也：最终还是用银制作锼好。

【译文】

锼，用生铁制作。生铁是现在炼铁人所说的急铁。将用坏了的铁质农具炼铸成铁，以之制造茶锅。铸锅时，内模用土质，外模用沙质。土质内模，使锅内壁光滑，容易擦洗；沙质外模使锅外壁粗糙，容易吸收火焰热量。锅耳做成方形，能让锅放置端正。锅口缘要宽，使火焰能够伸展。锅底中心脐部要突出些，使火力能够集中在锅底。锅底脐部略突出，水就会在锅中心沸腾；水在中心沸腾，茶末就容易沸扬；茶末易于沸扬，茶汤的滋味就淳美。洪州用瓷做锅，莱州用石做锅。瓷锅和石锅都雅致好看，但不坚固，很难长期使用。用银做锅，非常清洁，但未免涉及奢侈华丽。雅致固然雅致，清洁固然清洁，但从经久耐用的角度来说，终归还是用银制的好。

交床①

交床，以十字交之，剜中令虚②，以支鍑也。

【注释】

①交床：即胡床，一种可折叠的轻便坐具，也叫交椅、绳床。

②剜（wān）：刻，挖。

【译文】

交床，用十字交叉的木架，将搁板的中间挖空，用来放置茶锅。

夹

夹，以小青竹为之，长一尺二寸。令一寸有节，节已上剖之，以炙茶也。彼竹之筱①，津润于火，假其香洁以益茶味②，恐非林谷间莫之致。或用精铁熟铜之类，取其久也。

【注释】

①篠（xiǎo）：小竹。

②津润于火，假其香洁以益茶味：小青竹在火上烤炙，表面就会渗出清香纯洁的竹液和香气，有助于茶香。

【译文】

夹，用小青竹制成，长一尺二寸。选一头一寸处有竹节的，自节以上剖开，用来夹着茶饼烤炙。这样的小青竹在火上烤炙时表面会渗出清香纯洁的竹液和香气，能够增加茶的香味。但若不在山林间炙茶，恐怕难以弄到这种小青竹。也有用精铁或熟铜之类的材料来制作茶夹，取其经久耐用。

纸囊

纸囊，以剡藤纸白厚者夹缝之[①]。以贮所炙茶，使不泄其香也。

【注释】

①剡（shàn）藤纸：剡县所产以藤为原料制作的纸，唐代为贡品。剡县在今浙江嵊州。

【译文】

纸囊，以两层又白又厚的剡藤纸缝制而成。用来贮放烤好的茶，使香气不致散失。

碾 拂末[①]

碾，以橘木为之，次以梨、桑、桐、柘为之[②]。

内圆而外方。内圆备于运行也，外方制其倾危也。内容堕而外无余木[3]。堕，形如车轮，不辐而轴焉[4]。长九寸，阔一寸七分。堕径三寸八分，中厚一寸，边厚半寸，轴中方而执圆[5]。其拂末以鸟羽制之。

【注释】

①拂末：拂扫归拢茶末的用具。

②柘（zhè）：木名。桑科，落叶灌木或小乔木。叶子卵形或椭圆形，头状花序，果实球形。叶可喂蚕，木质密致坚韧，是贵重的木料，木汁能染赤黄色。

③堕：碾轮，碾磙子。

④辐（fú）：车轮中凑集于中心毂（gǔ）上的直木。轴：贯于毂中持轮旋转的圆柱形长杆。

⑤执：手握处。

【译文】

茶碾，用橘木制做，其次用梨木、桑木、桐木、柘木制作。碾内圆外方，内圆便于运转，外方能防止倾倒。碾槽内放碾轮，不留空隙。堕是木碾轮，形状像车轮，只是没有车辐，中心直接安轴。轴长九寸，宽一寸七分。碾轮直径三寸八分，中间厚一寸，边缘厚半寸。轴中间是方的，手握处是圆的。拂末，用鸟的羽毛制作。

罗合[1]

罗末，以合盖贮之，以则置合中。用巨竹剖而屈之，以纱绢衣之[2]。其合以竹节为之，或屈杉以漆之，高三寸，盖一寸，底二寸，口径四寸。

【注释】

①罗合：竹制茶筛与茶盒。

②衣：以衣布在器物表面蒙覆。

【译文】

用茶罗筛好茶末，放在盒中盖好存放，把量具则放在盒中。茶罗，用大竹剖开弯曲成圆形，罗底蒙上纱绢。盒用竹子有节的部分制作，或用杉木片弯曲成圆形油漆而成。盒高三寸，盖高一寸，底盒二寸，口径四寸。

则

则，以海贝、蛎蛤之属，或以铜、铁、竹匕策之类[①]。则者，量也，准也，度也。凡煮水一升，用末方寸匕[②]。若好薄者，减之，嗜浓者，增之，故云则也。

【注释】

①匕：食器，曲柄浅斗，状如今之羹匙、汤勺。古代也用作量药的器具。策：竹片，木片。

②方寸：一寸见方的匙匕。

【译文】

则，用蛎蛤之类的海贝贝壳，或者用铜、铁、竹做的匕、策之类。则是计量的标准、依据。一般说来，煮一升的水，用一寸正方匙匕量的茶末。如果喜欢淡茶，就减少茶末用量；喜欢浓茶，就增加茶末用量，所以称之为则。

水方

水方，以椆木、槐、楸、梓等合之[①]，其里并外缝漆之，受一斗。

【注释】

①椆（chóu）木：属山毛榉科。木质坚重，遇寒不凋。楸（qiū）：落叶乔木。叶子三角状卵形或长椭圆形，花冠白色，有紫色斑点。木材质地细密，可供建筑、造船等用。梓：落叶乔木。叶子对生或三枚轮生，花黄白色。木质优良，轻软，耐朽，供建筑及制家具、乐器等用。

【译文】

水方，用椆、槐、楸、梓等木料制作，里面和外面的缝都加涂油漆，容量一斗。

漉水囊[①]

漉水囊，若常用者，其格以生铜铸之，以备水湿，无有苔秽腥涩意[②]，以熟铜苔秽，铁腥涩也。林栖谷隐者，或用之竹木。木与竹非持久涉远之具，故用之生铜。其囊，织青竹以卷之，裁碧缣以缝之[③]，纽翠钿以缀之[④]。又作绿油囊以贮之[⑤]。圆径五寸，柄一寸五分。

【注释】

①漉（lù）：过滤，渗。

②苔秽腥涩：熟铜易氧化，其氧化物呈绿色，像苔藓，显得很脏，实际有毒，对人体有害；铁亦极易氧化，氧化物呈紫红色，闻之有腥气，尝之有涩味，对人体也有害。

③缣（jiān）：双丝织的浅黄色细绢。

④纽翠钿（tián）：纽缀上翠钿以为装饰。翠钿，用翠玉制成的首饰或装饰物。

⑤绿油囊：绿油绢做的袋子。

【译文】

漉水囊，同常用的一样，它的圈架用生铜铸造，生铜被水打湿后不会产生污垢而使水有腥涩味道，因为用熟铜易生铜绿污垢，用铁易生铁锈会使水味腥涩。在林谷间隐居的人，也有用竹或木制作的。但竹木制品都不耐久用，又不便携带远行，所以用生铜制作。滤水的袋子，用青篾丝编织成圆筒形，再裁剪碧绿的丝绢缝制，纽缀上翠钿作装饰。再用防水的绿油绢做一只袋子贮放漉水囊。漉水囊圆径五寸，柄长一寸五分。

瓢

瓢，一曰牺杓[①]。剖瓠为之[②]，或刊木为之。晋舍人杜育《荈赋》云[③]："酌之以匏[④]。"匏，瓢也。口阔，胫薄，柄短。永嘉中[⑤]，余姚人虞洪入瀑布山采茗[⑥]，遇一道士，云："吾，丹丘子[⑦]，祈子他日瓯牺之余[8]，乞相遗也[9]。”牺，木杓也。今常用以梨木为之。

【注释】

①牺杓（suōsháo）：瓢的别称。牺，古代一种有雕饰的酒樽。杓，杓子。

②瓠（hú）：蔬类植物，也叫扁浦、葫芦。

③杜育：字方叔，襄城人，西晋时人，官至中书舍人。事迹散见于《晋书》相关人员列传中。《荈赋》：杜育撰，原文已佚，现可从《艺文类聚》、《太平御览》、《北堂书钞》等书中辑出二十余句，已非全文。

④匏（páo）：葫芦之属。

⑤永嘉：晋怀帝年号，307—312年。

⑥余姚：秦置余姚县，隋废，唐武德四年（621）复置，为姚州治，武德七年（624）之后属越州。在今浙江余姚。

⑦丹丘子：指来自丹丘仙乡的仙人。丹丘，神话中的神仙所居之地，昼夜长明。

⑧瓯牺（ōusuō）：杯杓。此处指喝茶用的杯杓。瓯，杯、碗之类的饮具。

⑨遗（wèi）：给予，馈赠。

【译文】

瓢，又叫牺杓。把瓠瓜剖开制成，或是用木头凿刻而成。晋中书舍人杜育《荈赋》说：“酌之以匏。”匏，就是葫芦瓢。口阔、瓢身薄、柄短。晋永嘉年间，余姚人虞洪到瀑布山采茶，遇见一位道士，对他说："我是丹丘子，哪天你的杯杓中有多余的茶，希望能送点给我喝。"牺，就是木杓。现在常用的木杓多以梨木制成。

竹筴

竹筴，或以桃、柳、蒲葵木为之，或以柿心木为之。长一尺，银裹两头。

【译文】

竹筴，有用桃木、柳木、蒲葵木做的，也有用柿心木制成。长一尺，用银包裹两头。

鹾簋 揭①

鹾簋，以瓷为之。圆径四寸，若合形，或瓶、或罍②，贮盐花也。其揭，竹制，长四寸一分，阔九分。揭，策也③。

【注释】

①鹾（cuó）簋（guǐ）：盛盐的容器。鹾，味浓的盐。簋，古代椭圆形盛物用的器具。揭：竹片做的取盐用具。

②罍（léi）：酒樽，其上饰以云雷纹，形似大壶。

③策：古代用以记事的竹、木片，编在一起的叫"策"。此处指取盐用的片状工具。

【译文】

鹾簋，用瓷制作。圆径四寸，一般是盒形，也有作瓶形、壶形，盛贮盐花用。揭，用竹制成，长四寸一分，宽九分。揭，是取盐用的片状工具。

熟盂

熟盂，以贮熟水，或瓷，或沙，受二升。

【译文】

熟盂，用来盛贮开水，或瓷制，或陶制，容量二升。

碗

碗，越州上①，鼎州次②，婺州次③，岳州次④，寿州、洪州次⑤。或者以邢州处越州上⑥，殊为不然。若邢瓷类银，越瓷类玉，邢不如越一也；若邢瓷类雪，则越瓷类冰，邢不如越二也；邢瓷白而茶色丹，越瓷青而茶色绿，邢不如越三也。晋杜育《荈赋》所谓："器择陶拣，出自东瓯。"瓯，越也。瓯，越州上，口唇不卷，底卷而浅，受半升已下。越州瓷、岳瓷皆青，青则益茶。茶作白红之色。邢州瓷白，茶色红；寿州瓷黄，茶色紫；洪州瓷褐，茶色黑；悉不宜茶。

【注释】

①越州：隋大业元年（605）改吴州置，大业间改为会稽郡，唐武德四年（621）复为越州，天宝、至德间曾改为会稽郡，乾元元年（758）复改越州。辖境

大概在今浙江浦阳江（浦江除外）、曹娥江、甬江流域，包括绍兴、余姚、萧山等地。唐剡溪茶甚著名，产于所属嵊州。越州在唐、五代、宋时以产秘色瓷器著名，瓷体透明，是青瓷中的绝品。此处越州即指所在的越州窑，以下各州也均是指位于各州的瓷窑。

②鼎州：唐曾经有二鼎州，一在湖南，辖境大概在今湖南常德、益阳一带；二在今陕西泾阳、礼泉、三原一带。

③婺州：婺州：隋开皇九年（589）分吴州置，大业时改为东阳郡。唐武德四年（621）复置婺州，治金华（在今浙江金华）。辖境大概在今浙江金华江流域及兰溪、浦江诸地。天宝元年（742）改为东阳郡，乾元元年（758）复为婺州。地产茶，唐杨晔《膳夫经手录》记婺州茶与歙州等茶远销河南、河北、山西，数千里不绝于道路。

④岳州：唐天宝间称巴陵郡，州治在今岳阳，辖境大概在今湖南洞庭湖东、南、北沿岸各地。岳窑在湘阴，生产青瓷。

⑤寿州：唐武德三年改隋寿春郡为寿州，治寿春县（在今安徽寿县）。天宝初又改寿春郡。乾元初复称寿州。辖境大概在今安徽六安一带。《新唐书·地理志》载土贡茶。唐裴汶《茶述》把寿阳茶列为全国第二类贡品。唐李肇《唐国史补》载寿州茶已于780年以前运销吐蕃。寿州窑主要在霍邱，生产黄

褐色瓷。

⑥邢州：唐天宝间称巨鹿郡，大概在今河北巨鹿、广宗以西，泜河以南，沙河以北地区。唐宋时期邢窑烧制瓷器，白瓷尤为佳品。邢窑主要在内丘，唐李肇《唐国史补》卷下称："凡货贿之物，侈于用者，不可胜纪……内邱白甆瓯，端溪紫石砚，天下无贵贱，通用之。"其器天下通用，是唐代北方诸窑的代表窑，定为贡品。

按：陆羽对邢瓷等与越瓷的比较性评议曾遭非议，范文澜在《中国通史》第三编第258页评论道：陆羽按照瓷色与茶色是否相配来定各窑优劣，说邢瓷白盛茶呈红色，越瓷青盛茶呈绿色，因而断定邢不如越，甚至取消邢窑，不入诸州品内。又因洪州瓷褐色盛茶呈黑色，定为最次品。瓷器应凭质量定优劣，陆羽以瓷色为主要标准，只能算是饮茶人的一种偏见。对此，周靖民在其《茶经》校注中已有辨论："因为唐代主要是饮用蒸青饼茶，除要求香气高、滋味浓厚外，还要求汤色绿，在陆羽前后的诗人所作诗歌中都赞美绿色茶汤，如李泌、白居易、秦韬玉、陆龟蒙、郑谷等。陆羽是从审评的观点喜爱青瓷，其他瓷色衬托的茶汤容易产生错觉，这是茶人的需要，不是'茶人的偏见'。"（《中国茶酒辞典》第592页）

【译文】

碗，越州产的最好，鼎州、婺州、岳州次好，寿州、洪州的次些。有人认为邢州产的比越州的好，完全不是这样。如果说邢瓷像银，越瓷就像玉，这是邢瓷不如越瓷的第一点；如果说邢瓷像雪，越瓷就像冰，这是邢瓷不如越瓷的第二点；邢瓷白，使茶汤呈红色，越瓷青，使茶汤呈绿色，这是邢瓷不如越瓷的第三点。晋代杜育《荈赋》说："挑拣陶瓷器皿，好的出自东瓯。"瓯作为地名，就是越州。瓯也是器物名，越州窑的最好，口唇不卷边，碗底浅而稍卷边，容量不到半升。越州瓷、岳州瓷都是青色，青色能增益茶的汤色。一般茶汤为白红色。邢州瓷白，使茶汤色红；寿州瓷黄，使茶汤色紫；洪州瓷褐，使茶汤色黑；都不适宜用来盛茶。

畚纸帊①

畚，以白蒲卷而编之②，可贮碗十枚。或用筥。其纸帊以剡纸夹缝，令方，亦十之也。

【注释】

①畚（běn）：草笼，用蒲草或竹篾编织的盛物器具。纸帊（pà）：茶碗的纸套子。帊，帛二幅或三幅为帊，亦作衣服解。

②白蒲：白色的蒲苇。

【译文】

畚，草笼，用白蒲草编成圆筒形，可贮放十只碗。也有用竹筥当作畚用的。纸帊，用两层剡纸，夹缝成方形，也可以贮放十只碗。

札

札，缉栟榈皮以茱萸木夹而缚之[①]，或截竹束而管之，若巨笔形。

【注释】

①缉：析植物皮搓捻成线。

【译文】

札，将棕榈皮分拆搓捻成线，用茱萸木夹住捆紧而成，或者截一段竹子像笔管一样绑束而成，形状像支大毛笔。

涤方

涤方，以贮涤洗之余，用楸木合之，制如水方，受八升。

【译文】

涤方，盛放洗涤后的水，用楸木制成盒状，制法和水方一样，容量八升。

滓方

滓方，以集诸滓，制如涤方，处五升。

【译文】

滓方，用来盛放各种渣滓，制法如涤方，容量五升。

巾

巾，以絁布为之[1]，长二尺，作二枚，互用之，以洁诸器。

【注释】

①絁（shī）：粗绸，似布。

【译文】

巾，用粗绸制作，长二尺，做两块，交替使用，以清洁各种茶具。

具列

具列，或作床[1]，或作架。或纯木、纯竹而制之，或木，或竹，黄黑可扃而漆者[2]。长三尺，阔二尺，高六寸。具列者，悉敛诸器物，悉以陈列也。

【注释】

①床：安放器物的支架、几案等。

②扃（jiōng）：从外关闭门箱窗柜的插关。

【译文】

具列，做成床形或架形。或纯用木制，或纯用竹制，也可木竹兼用，漆成黄黑色，有门可关。长三尺，宽二尺，高六寸。其所以名为具列，是因为可以贮放陈列各种器物。

都篮

都篮，以悉设诸器而名之。以竹篾内作三角方眼，外以双篾阔者经之[①]，以单篾纤者缚之，递压双经，作方眼，使玲珑。高一尺五寸，底阔一尺、高二寸，长二尺四寸，阔二尺。

【注释】

①经：织物的纵线。

【译文】

都篮，因能装下所有器具而得名。用竹篾编成，里面编成三角形或方形的眼，外面用两道宽篾作经线，用一道细篾作纬线，交替编压住作经线的两道宽篾，编成方眼，使它精巧玲珑。都篮高一尺五寸，底宽一尺、高二寸，长二尺四寸，宽二尺。

卷下

五之煮

本章较为系统地介绍了唐代末茶完整的煮饮程式：炙茶→碾（罗）茶→炭火→择水→煮水→加盐加茶粉煮茶→育汤花→分茶入碗→趁热饮茶。

陆羽对炙茶程序着墨甚多，从对烤炙好的茶要趁热用纸囊贮藏，使“精华之气无所散越”的要求来看，炙茶这一程序对将饮之茶有着焙香的作用。

对于煮茶所用燃料，陆羽论之甚详，要之以火力强劲，和不能损害茶味为重。最为要用者是炭，其次是用火力强劲的木材。因为炭火火力通彻，又没有火焰，没有火焰就不会有烟，就不会有烟气侵损茶味。而已经在烹饪过程中使用过，已经沾染了荤膻油腻气味的的炭材，以及有油脂的树木，与陈旧家具、工具的废弃木材等，看起来虽然不浪费，但都不可用于煮茶，因为这些材料都会污染茶水之味。

关于煮茶之水，陆羽认为山水、江水、井水，只要所取适宜，都为可用，而以山水为上。当然山水也有很多种，陆羽仔细分析了各种条件下的山水情况，并指导如何取用。江水取离开人类活动远的地方的，这样人类活动不致沾染江水。井水要用使用多的井里的，这种井里的水能够保证常汲常新，流动鲜活。总之，只要是清洁流动的水皆可，而以甘美而清冽的泉水为最好。陆羽年轻时在家乡与贬官竟陵的崔国辅相与交游的三年中，一项重要的活动内容就是品茶论水，此后陆羽对于煮茶用水一直都非常重视，所到之处依然品茶评水。唐代张又新著《煎茶水记》时，记录了陆羽曾经将其所经历的天下宜茶之水品评等第列出二十种，成为中国南北大地“天下第×泉”的源头。重视饮茶用水成为此后茶人的一个传统。

陆羽对于煮水的论述，首开风气之先。他将水烧开沸腾分为三个程度，并将一沸之水形象地比喻为“鱼目”。从此，鱼目蟹眼成为后出茶书论煮水时的专用名词，更是特别成为诗文创作中的一个极为醒目的意象。陆羽认为对茶最适合的是在水达到二沸时加入末茶粉煮茶，三沸以上的水老，不可用来煮茶饮用。这一经验论断一直为人继承，至今仍有着现实的指导意义，所区别者，是现在有更多的科学研究手段，通过量化的分析，更为科学地证明陆羽的经验性论断。

陆羽关于茶汤表面沫饽的形象描绘，再次展示了他对茶的美好感受与热爱之情，也让人们再次看到了他的文学才华。他的朋友权德舆曾经这样称赞他：“词艺卓异，为当时闻人”，说明了陆羽的文学成就与影响很大。

本章关于茶需趁热连饮，否则茶味就不好的经验，至今仍然正确。

本章“茶性俭，不宜广”的论述，与《一之源》所论茶之为饮“最宜精行俭德之人”相呼应。

凡炙茶，慎勿于风烬间炙，熛焰如钻[①]，使炎凉不均。持以逼火，屡其翻正，候炮普教反出培塿[②]，状虾蟆背，然后去火五寸。卷而舒，则本其始又炙之。若火干者，以气熟止；日干者，以柔止。

【注释】

①熛（biāo）：迸飞的火焰。

②炮（páo）：用火烘烤。培塿（lǒu）：小山或小土堆。

【译文】

烤炙茶饼，注意不要在通风的余火上烤，因为风吹会使火苗迸飞飘忽不定像钻子，使茶饼各部分受热不均匀。烤茶时要夹着茶饼靠近火，常常翻动，等到茶饼表面被烤出像虾蟆背上的小疙瘩一样的突起时，然后离火五寸。等到卷曲突起的茶饼表面又舒展开来，再按先前的办法烤一次。如果制茶时是用火烘干的，以烤到有香气为度；如果是晒干的，以烤到柔软为好。

其始，若茶之至嫩者，蒸罢热捣，叶烂而牙笋存焉。假以力者，持千钧杵亦不之烂。如漆科珠[①]，壮士接之，不能驻其指[②]。及就，则似无穰骨也[③]。炙之，则其节若倪倪[④]，如婴儿之臂耳。既而承热用纸囊贮之，精华之气无所散越[⑤]，候寒末之。末之上者，其屑如细米。末之下者，其屑如菱角。

【注释】

①漆：涂漆。科：用同“颗”，颗粒。

②驻：停留，拿住。

③穰（ráng）：泛指黍稷稻麦等植物的茎秆。

④倪倪：弱小的样子。

⑤越：飘散，散失。

【译文】

开始制茶的时候，对于很柔嫩的茶叶，蒸茶后乘热舂捣，叶子捣烂了，而芽头还存在。如果只用蛮力，用千斤重杵也无法将芽头捣烂。这就如同涂漆的圆珠子，轻而圆滑，力大之人反而拿不住它一样。捣好的茶叶好像一条茎梗也没有。这样的茶饼经过烤炙，就会柔软得像婴儿的手臂。烤好的茶饼要趁热用纸袋装起来，使它的香气不致散失，等冷却了再碾成末。上等的茶末，其碎屑如细米。下等的茶末，其碎屑如菱角状。

其火用炭，次用劲薪。谓桑、槐、桐、枥之类也①。其炭，曾经燔炙②，为膻腻所及，及膏木、败器不用之③。膏木为柏、桂、桧也④，败器谓朽废器也。古人有劳薪之味⑤，信哉。

【注释】

①枥（lì）：同“栎”。山毛榉科，落叶乔木。叶长椭圆形，初夏开花，黄褐色，雌雄同株。坚果卵圆形。幼叶可饲柞蚕。壳斗和树皮可提取栲胶。木材

坚实，可做枕木和机械用材。因其木理斜曲，古代多作炭薪。古人常喻作不材之木。

②燔（fán）：火烧，烤炙。

③膏木：有油脂的树木。

④桂：肉桂，樟科，常绿乔木。叶子长椭圆形，有三条叶脉。果实椭圆形，紫红色。树皮含挥发油，极香，可作香料或入药。桧（guì）：柏科，常绿乔木。茎直立，幼树的叶子像针，大树的叶子像鳞片，雌雄异株，春天开花。木材桃红色，有香味，细致坚实。寿命可长达数百年。

⑤劳薪之味：指用陈旧或其他不适宜的木柴烧煮而致使味道受影响的食物。典出《世说新语·术解第二十》："荀勖（xù）尝在晋武帝坐上食笋进饭，谓在坐人曰：'此是劳薪炊也。'坐者未之信，密遣问之，实用故车脚。"《晋书》卷三九亦载有此事。

【译文】

烤茶煮茶的燃料，最好用木炭，其次用火力强劲的木柴。如桑、槐、桐、枥之类的木柴。曾经烤过肉，染上了腥膻油腻气味的木炭，以及有油脂的木柴如柏、桂、桧等之类、朽坏的木器如曾被涂抹以及破败的木器，都不能用。古人说用不适宜的木柴烧煮食物会有怪味，所谓劳薪之味，确实如此。

其水，用山水上，江水次，井水下。《荈赋》所谓："水则岷方之注①，揖彼清流②。"其山水，拣乳泉、石池慢流者上[3]；其瀑涌湍漱[4]，勿食之，久食令人有颈疾。又多别流于山谷者，澄浸不泄[5]，自火天至霜郊以前[6]，或潜龙蓄毒于其间[7]，饮者可决之，以流其恶，使新泉涓涓然，酌之。其江水取去人远者，井取汲多者。

【注释】

①岷方之注：岷江流淌的清水。

②揖（yì）：同"挹"，汲取。

③乳泉：从石钟乳滴下的水，甘美而清冽的泉水。

④瀑（bào）涌湍（tuān）漱：山水汹涌翻腾冲击。瀑，水飞溅。湍，水势急而旋。

⑤澄：清澈而不流动。浸：泛指河泽湖泊。

⑥火天至霜郊：指公历六月至十月霜降以前的这段时间。火天，热天，夏天，五行火主夏，故称。霜郊，疑为霜降之误。霜降，节气名。公历十月二十三日或二十四日。

⑦潜龙：潜居于水中的龙蛇，蓄毒于水内。实际应当是停滞不泄的积水积存有动植物腐败物，孳生了细菌和微生物，经微生物的分解，产生一些有害人身的可溶性物质。

【译文】

煮茶用水，以山水为最好，其次是江河水，井水最差。如同《荈赋》所言："水要汲取岷江流淌的清水。"山水，最好选取甘美的泉水、石池中缓慢流动的水；急流奔涌翻腾回旋的水不要饮用，长期喝这种水会使人颈部生病。此外还有一些停蓄于山谷的水泽，水虽清澈，但不流动，从炎热的夏天到秋天霜降之前，也许有虫蛇潜伏其中，污染水质，要喝这种水，应先挖开缺口，让污秽有毒的水流走，使新的泉水涓涓而流，然后再汲取饮用。江河里的水，要到远离人烟的地方去取，井水则要从经常汲用的井中汲取。

其沸如鱼目①，微有声，为一沸。缘边如涌泉连珠，为二沸。腾波鼓浪，为三沸。已上水老，不可食也。初沸，则水合量调之以盐味②，谓弃其啜余③。啜，尝也，市税反，又市悦反。无乃䤼䶣而钟其一味乎④。上古暂反，下吐滥反，无味也。第二沸出水一瓢，以竹筴环激汤心，则量末当中心而下⑤。有顷，势若奔涛溅沫，以所出水止之，而育其华也⑥。

【注释】

①鱼目：水初沸时水面出现的像鱼眼睛的小水泡。唐宋时代也有称为虾目、蟹眼。

②则水合量调之以盐味：估算水的多少调放适量的食盐。则，估算。

③弃其啜余：将尝过剩下的水倒掉。

④无乃䤼䶣（gàndǎn）而钟其一味乎：不是因为水中无味而只喜欢盐这一种味道啊。䤼䶣，无味。

⑤则：标准权衡器。此处指取茶用的茶则。

⑥华：精华，汤花，茶汤表面的浮沫。

【译文】

煮水时，当水沸腾冒出像鱼眼般的水泡，有轻微的响声，就是一沸。锅边缘四周的水泡像连珠般涌动时，称作二沸。当水像波浪般翻滚奔腾时，已经是三沸。三沸以上的水若继续煮，水就过老不宜饮用了。水刚开始沸腾时，按照水量放入适当的盐以调味，把尝剩下的那点水泼掉。啜是品尝的意思，音市税反，又市悦反。切莫因为水无味而只喜欢盐这一种味道。䤈音古暂反，䤈音吐滥反，䤈䤈意为无味。第二沸时，舀出一瓢水，用竹筴在沸水中心转圈搅动，用则量取茶末从漩涡中心倒入。一会儿，锅中波涛翻滚，水沫飞溅，就把刚才舀出的水倒入，减轻水的沸腾，以保养表面生成的汤花。

凡酌，置诸碗，令沫饽均[①]。《字书》并《本草》[②]：饽，茗沫也。蒲笏反。沫饽，汤之华也。华之薄者曰沫，厚者曰饽，细轻者曰花。如枣花漂漂然于环池之上；又如回潭曲渚青萍之始生[③]；又如晴天爽朗有浮云鳞然。其沫者，若绿钱浮于水渭[④]，又如菊英堕于鐏俎之中[⑤]。饽者，以滓煮之，及沸，则重华累沫，皤皤然若积雪耳[⑥]。《荈赋》所谓"焕如积雪，烨若春藪[⑦]"，有之。

【注释】

①饽（bō）：茶汤表面上的浮沫。

②《字书》：当指其时已有的字典，如《说文》、《广

韵》、《切韵》、《开元文字音义》等。

③回潭：回旋流动的潭水。曲渚（zhǔ）：曲曲折折的洲渚。渚，水中的小块陆地。

④绿钱：苔藓的别称。

⑤菊英：菊花。不结果的花叫英，英是花的别名。罇（zūn）：盛酒的器皿，与尊、樽、罇诸字同。俎（zǔ）：古代祭祀、燕飨时陈置牲体或其他食物的礼器。

⑥皤（pó）皤：白色。

⑦烨（yè）：明亮，火盛，光辉灿烂。蔌（fū）：花的通名。

【译文】

将茶分盛到碗里喝时，要让沫饽均匀地舀分到每只碗里。《字书》并《本草》说：饽是茶沫，音蒲笏反。沫饽，就是茶汤的汤花。汤花薄的叫沫，厚的叫饽，细轻的叫花。汤花，有的像枣花在圆形的池塘上漂然浮动；有的像回环的潭水、曲折的洲渚间新生的浮萍；有的则像晴朗天空中的鳞状浮云。茶沫，好似青苔浮在水边，又如菊花飘落杯碗之中。茶饽，是烹煮茶滓沸腾后茶汤表面形成的层层汤花茶沫，白白的像积雪一般。《荈赋》中讲汤花"明亮像积雪，灿烂如春花"，确实是这样。

第一煮水沸，而弃其沫，之上有水膜，如黑云母，饮之则其味不正。其第一者为隽永，徐县、全县二反。至美者曰隽永。隽，味也；永，长也。味长曰隽永。《汉书》：蒯通著《隽永》二十篇也[1]。或留熟盂以贮之[2]，以备育华救沸之用。诸第一与第二、第三碗次之。第四、第五碗外，非渴甚莫之饮。凡煮水一升，酌分五碗[3]。碗数少至三，多至五。若人多至十，加两炉。乘热连饮之，以重浊凝其下，精英浮其上。如冷，则精英随气而竭，饮啜不消亦然矣。

【注释】

①蒯（kuǎi）通著《隽永》二十篇也：语出《汉书·蒯通传》，文曰："（蒯）通论战国时说士权变，亦自序其说，凡八十一首，号曰《隽永》。"蒯通，本名蒯彻，汉初范阳固城镇人，因为避汉武帝之讳而改为通。陈胜起义后，他劝说范阳令徐公归降陈胜部将武臣，后又劝说韩信取其地，背叛刘邦自立。汉惠帝时，为丞相曹参宾客。

②或留熟盂以贮之：将第一沸撇掉黑云母的水留一份在熟盂中待用。"盂"字底本及诸本皆脱，按"熟盂"为贮热水之专门器具，据以补之。

③凡煮水一升，酌分五碗：唐代一升约为今六百毫升，则一碗茶之量约为一百二十毫升。

【译文】

水刚煮开时，把水面上的水沫去掉，因为水沫上有一层像黑云母样的膜状物，饮用的话味道不好。此后，从锅里舀出的第一瓢水，味美味长，称为隽永，隽音徐县反、全县反。最美的味道称为隽永。隽，味也；永，长也。味长就是隽永。《汉书》中说蒯通著《隽永》二十篇。通常贮放在熟盂里，以备减轻沸腾、养育汤华时用。以下第一、第二、第三碗的水，味道略差些。第四、第五碗以后的，要不是渴得太厉害，就不要喝了。一般煮水一升，分作五碗。碗数最少三碗，最多五碗。如果饮茶人数多到十个，就加煮两炉。喝茶要趁热连着喝完，因为重浊不清的物质凝聚在下，精华飘浮在上。如果茶冷了，精华就会随热气散失消竭，即使连着喝也一样。

茶性俭，不宜广，广则其味黯澹①。且如一满碗，啜半而味寡，况其广乎！其色缃也②，其馨㱃也③。香至美曰㱃，㱃音使。其味甘，槚也；不甘而苦，荈也；啜苦咽甘，茶也。《本草》云④：其味苦而不甘，槚也；甘而不苦，荈也。

【注释】

①黯澹：用同“黯淡”，阴沉，昏暗。此处指茶味淡薄。“广”字底本脱，据王圻《稗史汇编》本补。

②缃（xiāng）：浅黄色。

③㱃（sǐ）：香美。

④《本草》：底本作“一本”，据程福生竹素园本改。

【译文】

茶性俭约，水不宜多，水多就味道淡薄。就像一满碗茶，喝到一半味道就觉得淡了些，更何况水加多了呢！茶汤的颜色浅黄，味道香美。最香美的味道称为㱃，㱃音使。味道甘甜的是槚，不甜而苦的是荈，入口时苦咽下味甘的是茶。《本草》说：味道苦而不甜的是槚，甜而不苦的是荈。

六之饮

在本章中，陆羽阐述了他的发现和研究，并大力提倡清饮茶的方式。

人和所有生存于天地间的动物一样，都必须依靠饮食维持生命。人类饮用的饮品有很多，如水、酒、茶等，它们对人都有各自不同的功用，茶的主要功用是提神除睡。

人类饮用茶的历史源远流长，本章以神农以来各历史时期的代表人物概而述之。到了唐朝，许多地区甚至家家户户饮茶，饮茶之风非常之盛。陆羽总结了至他所处时代的各种茶叶形态和饮茶方式，让后人仍能看到当时就有多种饮茶方式并存的状态。陆羽对当时存在的夹杂多种物品混合煮饮的茶羹汤，以及只是将茶放在瓶缶中用开水浸泡等等一些饮茶方式甚不以为然，认为应该抛弃不喝，从相反的角度提倡清饮。

陆羽在《茶经》中大力提倡的是除盐之外不加其他任何物品的清饮，他清醒地看到他所提倡的清俭之茶饮方式的难度，因为人之本性就是擅长将容易的事情做到精致，而茶却是不容易做到精妙的事情之一。因为只有解决“九难”：造茶、别茶、茶器、生火、用水、炙茶、碾茶、煮茶、饮茶，即从采摘制造茶叶开始直至饮用的全部过程的所有问题，也就是只有按照《茶经》所论述的规范去做，才能尽究饮茶的奥妙。

本章最后一段文字，讲三五人或更多人一起饮茶时茶碗设置数量，因为涉及当时的饮茶形式，还有让人不易理解之处。可能还是从一起饮茶的人数角度，再次言及上章所论“茶性俭，不宜广”的问题。

翼而飞[1]，毛而走[2]，呿而言[3]。此三者俱生于天地间，饮啄以活[4]，饮之时义远矣哉！至若救渴，饮之以浆[5]；蠲忧忿[6]，饮之以酒；荡昏寐，饮之以茶。

【注释】

①翼而飞：有翅膀能飞的禽类。

②毛而走：身被皮毛善于奔走的兽类。

③呿（qù）而言：张口会说话的人类。呿，张口状。

④饮啄（zhuó）：饮水啄食。啄，鸟用嘴取食。

⑤浆：古代一种微酸的饮料。

⑥蠲（juān）：除去，清除。

【译文】

禽鸟有翅而飞，兽类身被皮毛善于奔跑，人类开口能言。三者都生存于天地之间，依靠喝水、吃食物来维持生命，可见饮的时间漫长，意义深远。为了解渴，则要饮浆；为了消愁解闷，则要喝酒；为了提神解除瞌睡，则要喝茶。

茶之为饮，发乎神农氏[1]，闻于鲁周公。齐有晏婴[2]，汉有扬雄、司马相如[3]，吴有韦曜[4]，晋有刘琨、张载、远祖纳、谢安、左思之徒[5]，皆饮焉。滂时浸俗[6]，盛于国朝[7]，两都并荆渝间[8]，以为比屋之饮[9]。

【注释】

①神农氏：又称为炎帝，传说中的古帝，三皇之一，

姜姓，因以火德王，故称炎帝。相传以火名官，作耒耜，教人耕种。

②晏婴（？—前500）：春秋时齐国大夫，字平仲，继承父职为齐卿，后相齐景公，以节俭力行，善于辞令，名显诸侯。《史记》有传。

③扬雄（前53—18）：字子云。西汉学者、辞赋家、语言学家。司马相如（约前179—前127）：字长卿。官至孝文园令，汉朝著名文学家，其代表作品为《子虚赋》。《史记》、《汉书》皆有传。

④韦曜（220—280）：本名韦昭，字弘嗣，晋陈寿著《三国志》时避司马昭名讳改其名。三国吴人，官至太傅，后为孙皓所杀。《三国志》有传。

⑤刘琨（271—318）：字越石，晋将领、诗人。张载：字孟阳，西晋文学家，性格闲雅，博学多闻。张载与其弟张协、张亢，都以文学著称，时称“三张”。《晋书》有传。远祖纳：即陆纳（320？—395），字祖言，晋时官至尚书令，拜卫将军。《晋书》有传。中唐以前，门阀观念与谱牒制度仍较强烈，陆羽因与陆纳同姓，故称之为远祖。高祖、曾祖以上的祖先称为远祖。谢安（320—385）：字安石，号东山，东晋政治家，军事家。《晋书》有传。左思（约250—305）：字太冲，西晋文学家，著名的《三都赋》的作者，写有《娇女诗》。《晋书》有传。

⑥滂时浸俗：影响渗透成为社会风气。滂，水势盛大浸涌，引申为浸润的意思。浸，渐渍，浸淫。

⑦国朝：指陆羽自己所处的唐朝。

⑧两都：指唐朝的西京长安（在今陕西西安），东都洛阳。荆：荆州，开元间属江陵府，天宝间一度为江陵郡。所属除江陵县产茶外，当阳县清溪玉泉山产仙人掌茶，松滋县也产碧涧茶，北宋列为贡品。渝：渝州，天宝间称南平郡，治巴县（在今四川重庆）。唐代荆渝间诸州县多产茶。

⑨比屋之饮：家家户户都饮茶。比，相连接。

【译文】

茶作为饮料，开始于神农氏，周公作了文字记载而为世人所知。春秋时齐国的晏婴，汉代的扬雄、司马相如，三国时吴国的韦曜，晋代的刘琨、张载、陆纳、谢安、左思等人都爱喝茶。后来流传日广，逐渐形成风气，到了唐朝，饮茶之风非常盛行，在西安、洛阳东西两个都城和荆渝等地，更是家家户户饮茶。

饮有觕茶、散茶、末茶、饼茶者[①]，乃斫、乃熬、乃炀、乃舂[②]，贮于瓶缶之中，以汤沃焉，谓之痷茶[③]。或用葱、姜、枣、橘皮、茱萸、薄荷之等，煮之百沸，或扬令滑，或煮去沫。斯沟渠间弃水耳，而习俗不已。

【注释】

①觕（cū）：粗。

②斫（zhuó）：伐枝取叶。熬：蒸茶。炀（yàng）：焙茶使

干。舂（chōng）：碾磨成粉。

③贮于瓶缶（fǒu）之中，以汤沃焉，谓之痷（ān）茶：将磨好的茶粉放在瓶罐之类的容器里，用开水浇下去，称之为泡茶。缶，一种大腹紧口的瓦器。痷，《茶经》中的泡茶术语，指以水浸泡茶叶之意。

【译文】

饮用的茶，有粗茶、散茶、末茶、饼茶。这些茶都经过伐枝采叶、蒸熬、烤炙、碾磨，放到瓶缶中，用开水冲泡，这叫做浸泡的茶。或加入葱、姜、枣、橘皮、茱萸、薄荷之类东西，煮沸很长时间，或者把茶汤扬起使之变得柔滑，或者在煮的时候把茶汤上的沫去掉。这样的茶汤无异于沟渠里的废水，可是这样的习俗至今都延续不变。

於戏！天育万物，皆有至妙。人之所工，但猎浅易。所庇者屋，屋精极；所著者衣，衣精极；所饱者饮食，食与酒皆精极之。茶有九难：一曰造，二曰别，三曰器，四曰火，五曰水，六曰炙，七曰末，八曰煮，九曰饮。阴采夜焙，非造也；嚼味嗅香，非别也；膻鼎腥瓯，非器也；膏薪庖炭，非火也；飞湍壅潦[①]，非水也；外熟内生，非炙也；碧粉缥尘，非末也；操艰搅遽，非煮也；夏兴冬废，非饮也。

【注释】

①壅潦（lǎo）：停滞不流的水。潦，积水。

【译文】

呜呼！天生万物，都有它最精妙之处，人们所擅长的，都只是那些浅显易做的。住的是房屋，房屋构造精致极了；穿的是衣服，衣服做得精美极了；填饱肚子的是饮食，食物和酒都精美极了。而茶要做到精致则有九大难点：一是制造，二是识别，三是器具，四是用火，五是择水，六是烤炙，七是研末，八是烹煮，九是品饮。阴天采摘和夜间焙制，是制造不当；口嚼辨味，鼻闻辨香，是鉴别不当；沾染了膻腥气的锅碗，是器具不当；用有油烟的和烤过肉的柴炭，是燃料不当；用急流奔涌或停滞不流的水，是用水不当；烤得外熟内生，是烤炙不当；把茶研磨成太细的青白色的粉末，是研末不当；操作不熟练或搅动太急，是烹煮不当；夏天喝而冬天不喝，是饮用不当。

夫珍鲜馥烈者[①]，其碗数三。次之者，碗数五。若坐客数至五，行三碗；至七，行五碗；若六人已下[②]，不约碗数，但阙一人而已，其隽永补所阙人。

【注释】

①珍鲜馥烈者：香高味美的好茶。

②若六人已下：此处“六”疑可能为“十”之误，因前文《五之煮》有小注“碗数少至三，多至五。若人多至十，加两炉”，则此处所言之数当为七人以上十人以下。

【译文】

精美新鲜芳香浓烈的茶，一炉只有三碗。其次是一炉煮五碗。假若座上客人达到五人，就分舀三碗；座客达到七人，就以五碗匀分；假若是六人以下（六人或当为十人），就不必估量碗数，只要按少一个人计算，用“隽永”那瓢水来补充所少算的一份。

七之事

在本章中，陆羽汇集了自有史以来至初唐的茶历史文献资料四十八则，对人们全面了解中国茶叶历史文化，有着重要的意义。其中有些材料现已不可见，所以《茶经》还保存了一些难得的史料。

这四十八则史料分见于各类书籍文献中，自先秦诸子百家中的《晏子春秋》，到秦汉以来的字书、医药书、史书、小说、诗文、僧史、地志、经方等，让人看到茶历史文化的多姿多彩。

对于所收的四十八则茶史实，陆羽的编排顺序很有历史感。与名人相关的茶事茶文，基本上按时间顺序来排列，而其他不以名人茶事著名的图记、图经、本草书、医方等类书，则先分类编排，在同一类中再按时间排列。这种有类有序的编排，为其大力提倡的茶饮文化提供了有力的史料支持，也更能帮助读者深入了解与掌握茶史茶事，从而更有深度地去感受茶的历史文化内涵。

这些史料最主要的作用，是让人们从历史文献的记载中，看到并印证茶文化的各方面内容。一如节俭，晏婴、陆纳、桓温、南朝齐世祖武帝萧赜等人，都曾用茶来表示自己的节俭生活。二是将茶用于祭祀，如齐武帝遗诏设茶为祭、剡县陈务妻以茶奠古墓、余姚人虞洪遇仙人以茶祭供，这些事迹直接影响到唐代形成明确的以茶供佛、祀神以及多种祭祀礼仪。宋以后，以茶致祭也进入到士大夫的家礼之中，成为中国礼仪习俗中的一个组成部分。其三特别值得注意的是，本章所记茶事中有多条材料指向茶对人修炼的作用，如广陵老姥能够提着茶器飞行，仙人丹丘子请虞洪祀之以茶，单道开服食的物品中有茶苏，陶弘景《杂录》更是明言："苦茶轻身换骨"，等等。四是所记交广地区以茶待客的习俗，晋人南渡在石头城以茶迎后渡者，表明在南方产茶地区饮茶的普泛以及客来设茶习俗形成时间之早。而陆纳以茶待客以显清素简朴，则又给以茶待客的行为注入了清简的涵义。

名人茶事有着强大的示范作用和心理暗示。而医药书、经方等方面的内容，则从医药的角度，对前面章节中述及的茶叶的各种功用，起到了专业论证的作用。而诗文等文学作品对于茶饮的描述，极其生动形象。比如左思《娇女诗》对于两个娇美小女儿急于饮茶的生动描绘："心为茶荈剧，吹嘘对鼎钘。"因为急于想喝到茶，所以也顾不得地上的尘土和炉中的烟灰，而去对着炉火吹气助燃。如此生动鲜活的形象充满了感染力。而地记、图经等地理书中关于各地产茶的记载，又开启了下一章唐代茶叶产区的篇章。

三皇　炎帝神农氏

【译文】

三皇　炎帝神农氏

周　鲁周公旦，齐相晏婴

【译文】

周　周公姬旦，齐国国相晏婴

汉　仙人丹丘子、黄山君[1]，司马文园令相如，扬执戟雄

【注释】

①黄山君：汉代仙人。

【译文】

汉　仙人丹丘子、黄山君，孝文园令司马相如，执戟郎扬雄

吴　归命侯[1]，韦太傅弘嗣

【注释】

①吴归命侯：孙皓（242—283），三国时吴国的末代皇帝，264—280年在位，于280年降晋，被封为归命侯。事见《三国志》。

【译文】

吴　归命侯孙皓，太傅韦曜

晋　惠帝[①]，刘司空琨，琨兄子兖州刺史演[②]，张黄门孟阳[③]，傅司隶咸[④]，江洗马统[⑤]，孙参军楚[⑥]，左记室太冲，陆吴兴纳，纳兄子会稽内史俶，谢冠军安石，郭弘农璞，桓扬州温[⑦]，杜舍人育，武康小山寺释法瑶[⑧]，沛国夏侯恺[⑨]，余姚虞洪[⑩]，北地傅巽[⑪]，丹阳弘君举[⑫]，乐安任育长[⑬]，宣城秦精[⑭]，敦煌单道开[⑮]，剡县陈务妻[⑯]，广陵老姥[⑰]，河内山谦之[⑱]

【注释】

①晋惠帝：司马衷（259—306），晋武帝司马炎第二子，西晋的第二代皇帝，290—306年在位。他为人痴呆不任事，相传被司马越毒死。见《晋书·惠帝纪》。

②演：刘演，字始仁，刘琨侄。西晋末，北方大乱，刘琨表奏其任兖州刺史，东晋时官至都督、后将军。《晋书·刘琨传》有附传。

③张黄门孟阳：张载，字孟阳，曾任中书侍郎，未任过黄门侍郎，而是其弟张协（字景阳）任过此职。《晋书》卷五五有传。《茶经》此处当有误记。

④傅司隶咸：傅咸（239—294），字长虞，西晋北地泥阳（在今陕西耀州）人，西晋哲学家、文学家傅玄之子，仕于晋武帝、惠帝时，历官尚书左、右

丞，以议郎长兼司隶校尉等。《晋书·傅玄传》中有附传。

⑤江洗马统：江统（？—310），字应元，西晋陈留圉县（在今河南杞县南）人。西晋武帝时，初为山阳令，迁中郎，转太子洗马，在东宫多年，后迁任黄门侍郎、散骑常侍、国子博士。《晋书》有传。洗马：官名。汉沿秦置，为东宫官属，职如谒者，太子出则为前导。晋时改掌图籍，隋改司经局洗马，至清末废。

⑥孙参军楚：孙楚（约218—293），字子荆，三国魏至西晋时太原中都县（在今山西平遥）人，文学家，晋惠帝初官至冯翊太守。《晋书》有传。

⑦桓扬州温：桓温（312—373），东晋谯国龙亢（在今安徽怀远）人，字符子，娶晋明帝之女南康长公主为妻。官至大司马，曾任荆州刺史、扬州牧等。长期执掌东晋朝政，三次北伐，威名赫赫。《晋书》有传。

⑧武康：古县名。在今浙江湖州德清。释法瑶：东晋至南朝宋齐间著名涅槃师，慧净弟子。著有《涅槃》、《法华》、《大品》、《胜鬘》等经及《百论》的疏释。

⑨沛国：在今江苏沛县、丰县一带。夏侯恺：字万仁，《搜神记》中的人物。

⑩虞洪：《搜神记》中之人物。

⑪北地：郡名。在今陕西铜川耀州一带。傅巽：傅咸的从祖父，字公悌。"瑰伟博达，有知人之鉴。"初辟于公府，拜尚书郎，后客于荆州为刘表幕官。建

安十三年（208），曹操军到襄阳，傅巽时任东曹掾，与蒯越、韩嵩等游说继任荆州牧刘琮归降曹操。刘琮举州往降，以傅巽说降刘琮有功，赐爵关内侯。魏文帝时为侍中尚书，魏明帝太和年中卒。

⑫弘君举：清严可均辑《全上古三代秦汉三国六朝文》之《全晋文》录存其文。

⑬乐安：在今山东邹平。任育长：任瞻，晋人。余嘉锡《世说新语笺疏·纰漏第三十四》：晋武帝崩时（290）选百二十挽郎，任瞻在其中，时年少，有美名。

⑭秦精：《续搜神记》中人物。

⑮单道开：东晋僧人。西晋末入内地，在河北居住甚久，后南游，经南京，又至广东罗浮山（在今惠州北）隐居卒。《晋书·艺术列传》中有传。

⑯陈务妻：《异苑》中的人物。

⑰广陵老姥：《广陵耆老传》中的人物，广陵在今江苏扬州。

⑱河内：古郡名。西晋时治所在今河南沁阳。山谦之（420—470）：南朝宋时人，著有《吴兴记》等。

【译文】

晋 惠帝司马衷，司空刘琨，琨侄兖州刺史刘演，黄门侍郎张载，司隶校尉傅咸，太子洗马江统，参军孙楚，记室左思，吴兴陆纳，纳侄会稽内史陆俶，冠军谢安，弘农太守郭璞，扬州牧桓温，中书舍人杜育，武康小山寺释法瑶，沛国夏侯恺，余姚虞洪，北地傅巽，丹阳弘君举，乐安任瞻，宣城秦精，敦煌单道开，剡县陈务妻，广陵老

姥，河内山谦之

后魏[①] 琅琊王肃[②]

【注释】

①后魏：指北朝的北魏（386—534），鲜卑拓拔珪所建，原建都平城（在今山西大同），493年孝文帝拓跋宏迁都洛阳。534年，北魏分裂为东魏与西魏。

②琅琊：在今山东东南沿海一带。王肃（464—501）：字恭懿，初仕南齐，后因父兄为齐武帝所杀，乃奔北魏，受到魏孝文帝器重礼遇，为魏制定朝仪礼乐。《魏书》有传。

【译文】

后魏 琅琊王肃

宋[①] 新安王子鸾，鸾兄豫章王子尚[②]，鲍照妹令晖[③]，八公山沙门县济[④]

【注释】

①宋：即南朝宋（420—479），宋武帝刘裕推翻东晋政权而建立，国号宋，都建康（在今江苏南京）。

②新安王子鸾，鸾兄豫章王子尚：子鸾为南朝宋孝武帝第八子，子尚是第二子，子尚为兄，《茶经》底本此处称子尚为“鸾弟”，有误，据改。事见《宋书》。

③鲍照妹令晖：鲍照（约415—470），南朝宋文学家，字明远。他长于乐府诗，其七言诗对唐代诗歌的发展起了很重要的作用。有《鲍参军集》。其妹令晖亦是一位优秀诗人，钟嵘在其《诗品》中对她有很高的评价，《玉台新咏》载其“著《香茗赋集》行于世”，该集已佚，仅存书目。

④八公山：在今安徽淮南。沙门：佛家指出家修行的人。昙济：南朝宋著名成实论师，著有《六家七宗论》，事见《高僧传》，《名僧传抄》中有传。

【译文】

宋　新安王子鸾，鸾兄豫章王子尚，鲍照妹令晖，八公山沙门昙济

齐[1]　世祖武帝[2]

【注释】

①齐：萧道成推翻南朝刘宋政权所建的南朝齐（479—502），都建康（在今江苏南京）。南齐是南北朝四个朝代中存在时间最短的，仅有二十三年。

②世祖武帝：南朝齐国第二代皇帝萧赜，482—493年在位，在位期间劝课农桑，减免赋税，赈济穷困。注重学校教育，提倡节俭，使社会出现了相对安定的局面。事见《南齐书·武帝纪》。

【译文】

齐　世祖武帝萧赜

梁[1]　刘廷尉[2]，陶先生弘景[3]

【注释】

①梁：萧衍推翻南朝齐所建立的南朝梁（502—557）政权，都建康（在今江苏南京）。

②刘廷尉：刘孝绰（481—539），南朝梁文学家，原名冉，小字阿士，彭城（在今江苏徐州）人，廷尉是其官名。能文善草隶，号神童。年十四，代父起草诏诰。历官著作佐郎、秘书丞、廷尉卿、秘书监。明人辑有《刘秘书集》。《梁书》有传。

③陶先生弘景：陶弘景（456—536），南朝齐梁时期道教思想家、医学家，字通明，丹阳秣陵（在今江苏江宁南）人，仕于齐，入梁后隐居于句容句曲山。梁武帝每逢大事就入山就教于他，人称山中宰相。死后谥贞白先生。著有《神农本草经集注》、《肘后百一方》等。《南史》、《梁书·处士传》中有传。

【译文】

梁　廷尉刘孝绰，贞白先生陶弘景

皇朝[1]　徐英公勣[2]

【注释】

①皇朝：指唐朝。

②徐英公勣：徐勣，即李勣（594—669），唐初名将，本姓徐，名世勣，字懋功，曾任兵部尚书，拜司空、

上柱国，封英国公。唐太宗李世民赐姓李，避李世民讳改为单名勣。《新唐书》、《旧唐书》有传。

【译文】

唐　英国公徐勣

《神农食经》[①]："茶茗久服，令人有力、悦志。"

【注释】

①《神农食经》：传说为炎帝神农所撰，实为西汉儒生托名神农氏所作，早已失传，历代史书《艺文志》均未见记载。有人称《汉书·艺文志》录有《神农食经》七卷，不知何据。按：《汉书·艺文志》载有《神农黄帝食禁》七卷一种，著者将其归类为"经方"——汉以前临床医方著作及方剂的泛称，非"食经"。

【译文】

《神农食经》记载："长期饮茶，使人精力饱满、心情愉悦。"

周公《尔雅》："槚，苦荼。"

【译文】

周公《尔雅》记载："槚，就是苦茶。"

《广雅》云[①]："荆、巴间采叶作饼，叶老者，饼成，以米膏出之。欲煮茗饮，先炙令赤色，捣末置瓷器中，以汤浇覆之，用葱、姜、橘子芼之[2]。其饮醒酒，令人不眠。”

【注释】

①《广雅》：三国魏张揖所撰，原三卷，隋代曹宪作音释，始分为十卷，体例根据《尔雅》而内容博采汉代经书笺注及《方言》、《说文》等字书增广补充而成。隋代为避炀帝杨广名讳，改名为《博雅》，后二名并用。

②芼（mào）：拌和。

【译文】

《广雅》记载：“荆州、巴州一带，采摘茶叶制成茶饼，叶子老的，做茶饼时，要加用米糊才能制成。想煮茶饮用时，先烤炙茶饼至呈现红色，捣成碎末放置瓷器中，冲入沸水浸泡，或放些葱、姜、橘子拌和着浸泡。喝了它可以醒酒，使人兴奋不想睡。”

《晏子春秋》[1]：“婴相齐景公时，食脱粟之饭，炙三弋、五卵[2]，茗菜而已[3]。”

【注释】

①《晏子春秋》：旧题春秋晏婴撰，所述皆婴遗事，宋王尧臣等《崇文总目》认为当为后人摭集而成。今凡八卷。《茶经》所引内容见其卷六内篇杂下第六，

文稍异。

②三弋（yì）、五卵：三五样禽鸟禽蛋。弋，禽鸟。三、五为虚数词，几样。

③茗菜：一般认为晏婴当时所食为苔菜而非茗饮。苔菜又称紫堇、蜀芹、楚葵，古时常吃的蔬菜。

【译文】

《晏子春秋》记载：“晏婴担任齐景公的国相时，吃的是糙米饭，和三五样禽鸟禽蛋，茶和蔬菜而已。”

司马相如《凡将篇》[①]：“乌喙、桔梗、芫华、款冬、贝母、木蘖、蒌、芩草、芍药、桂、漏芦、蜚廉、雚菌、荈诧、白敛、白芷、菖蒲、芒消、莞椒、茱萸[②]。”

【注释】

①《凡将篇》：汉司马相如所撰字书，约成书于公元前130年，缀辑古字为词语而没有音义训释，取开头“凡将”二字为篇名，《说文》常引其说，已佚，现有清任大椿《小学钩沉》、马国翰《玉函山房辑佚书》本。《四库总目提要》说：“（《茶经》）七之事所引多古书，如司马相如《凡将篇》一条三十八字，为他书所无，亦旁资考辨之一端矣。”

②乌喙（huì）：又名乌头，毛茛科附子属。味辛、甘，温、大热，有大毒。主中风恶风等。桔梗：桔梗科桔梗属。味辛、苦，微温，有小毒。主胸胁

痛如刀刺，除寒热风痹，温中消谷等。芫（yuán）华：又作芫花，瑞香科瑞香属。味辛、苦，温，大热，有小毒。主逆咳上气。款冬：菊科款冬属。味辛、甘，温，无毒。主逆咳上气善喘。贝母：百合科贝母属。味辛、苦，平，微寒，无毒。主伤寒烦热等。木蘖（niè）：即黄蘖，芸香科黄蘖属。落叶乔木，茎可制黄色染料，树皮入药。一般用于清下焦湿热，泻火解毒，黄疸肠痔，漏下赤白，杀蛀虫，为降火与治瘘要药。蒌（lóu）：即蒌菜，胡椒科土蒌藤属。蔓生有节，味辛而香。芩草：禾本科芦苇属。吴陆玑《陆氏诗疏广要》："芩草，茎如钗股，叶如竹，蔓生，泽中下地咸处，为草真实，牛马皆喜食之。"芍药：毛茛科。味苦、辛，平，微寒，有小毒。主邪气腹痛、除血痹。漏芦：菊科漏芦属。味苦，寒，无毒。主皮肤热，下乳汁等。蜚廉：菊科飞廉属。味苦，平，无毒。主骨节热。雚（huán）菌：味咸，甘，平，微温。有小毒。主治心痛。一名雚芦。生东海池泽及渤海章武。八月采，阴干。荈诧：双音迭词，分别代表茶名。白敛：亦作白蔹，葡萄科葡萄属。有解热、解毒、镇痛功能。白芷：伞形科咸草属。味辛，温。主治女人漏下赤白，血闭，阴肿等。一名芳香。生川谷。菖（chāng）蒲：天南星科白菖属。有特种香气，根茎入药，可以健胃。芒消：即芒硝，朴硝加水熬煮后结成的白色结晶体。成分是硫酸钠，医药上用作泻剂。莞（guān）椒：吴觉农认为恐为华椒之误，华椒即秦椒，芸香科秦椒属，可供药用。在宋代，有以椒入茶煎饮的。茱萸：香气辛烈，可入药。古俗农历九月九日重阳节，佩茱萸能袪邪辟恶。

【译文】

汉司马相如《凡将篇》在药物类中记载："乌喙、桔梗、芫华、款冬、贝母、木蘖、蒌、芩草、芍药、桂、漏芦、蜚廉、雚菌、荈诧、白敛、白芷、菖蒲、芒硝、莞椒、茱萸。"

《方言》[①]："蜀西南人谓茶曰蔎。"

【注释】

①《方言》：汉扬雄所撰。该书仿《尔雅》的体例，汇集古今各地同义词语，分别注明通行范围，可见汉代语言的分布状况。按：《茶经》所引本句并不见于今本《方言》原文。

【译文】

汉扬雄《方言》记载："蜀西南人把茶称为蔎。"

《吴志·韦曜传》："孙皓每飨宴，坐席无不率以七升为限，虽不尽入口，皆浇灌取尽。曜饮酒不过二升。皓初礼异，密赐茶荈以代酒[①]。"

【注释】

①"《吴志·韦曜传》"至"以代酒"：这段文字与《三

国志·吴书·韦曜传》文稍异。

【译文】

《三国志·吴书·韦曜传》记载："孙皓每次设宴，坐客人人要饮酒七升，即使不全部喝下去，也都要浇灌完毕。韦曜酒量不超过二升。孙皓当初非常尊重他，暗地里赐茶以代酒。"

《晋中兴书》①："陆纳为吴兴太守时，卫将军谢安常欲诣纳。《晋书》云：纳为吏部尚书②。纳兄子俶怪纳无所备，不敢问之，乃私蓄十数人馔。安既至，所设唯茶果而已。俶遂陈盛馔，珍羞必具。及安去，纳杖俶四十，云：'汝既不能光益叔父，奈何秽吾素业？'"

【注释】

①《晋中兴书》：原为八十卷，已佚，清黄奭辑存一卷，题为何法盛撰。据李延寿《南史·徐广传》附郗绍传所载，本是郗绍所著，写成后原稿被何法盛窃去，就以何的名义行于世。这一段与房玄龄《晋书·陆晔传》附陆纳传所载文字稍异，其主要不同点详下条注，其余关系不大，从略。

②纳为吏部尚书：据《晋书·陆晔传》附陆纳传载："纳字祖言，少有清操，贞厉绝俗。……（简文帝时）出为吴兴太守。……（孝武帝时）迁太常，徙吏部尚书，加奉车都尉、卫将军。谢安尝欲诣

纳……”陆纳任吴兴太守是372年，迁徙吏部尚书则在375年或稍后，谢安才去拜访，地点在京城建业，不是吴兴。谢安当时是后将军军衔（比陆纳卫将军军衔低），到383年才拜卫将军。这些都与《晋中兴书》不同。

【译文】

《晋中兴书》记载：“陆纳任吴兴太守时，卫将军谢安常想拜访陆纳。《晋书》说：陆纳为吏部尚书。陆纳的侄子陆俶奇怪他没什么准备，但又不敢询问，便私自准备了十多人的菜肴。谢安来后，陆纳仅仅用茶和果品招待。陆俶于是摆上丰盛的菜肴，各种精美的食物都有。等到谢安走后，陆纳打了陆俶四十棍，说：‘你既然不能给叔父增光，为什么还要玷污我清白的操守呢？’”

《晋书》：“桓温为扬州牧，性俭，每燕饮，唯下七奠柈茶果而已①。”

【注释】

①这段文字与《晋书·桓温传》文略异。下，摆出。奠（dìng），同“饤”，用指盛贮食物盘碗的量词。

【译文】

《晋书》记载：“桓温任扬州牧时，性好节俭，每次请客宴会，只设七盘茶果而已。”

《搜神记》①：“夏侯恺因疾死。宗人字苟奴察见鬼神。见恺来收马，并病其妻。著平上帻[2]，单衣，入坐生时西壁大床，就人觅茶饮。”

【注释】

①《搜神记》：晋干宝撰，计三十卷，本条见其书卷十六，文稍异。干宝字令升，新蔡（在今河南）人。生卒年未详。少勤学，以才器为佐著作郎，求补山阴令，迁始安太守。王导请为司徒右长史，迁散骑常侍。按：王导是在太宁三年（325）成帝即位时任司徒、录尚书事，则干宝是东晋初期人。鲁迅《中国小说史略》说：“该书于神祇灵异人物变化之外，颇言神仙五行，亦偶有释氏说。”

②平上帻（zé）：魏晋以来武官所戴的一种平顶头巾，有一定的款式。

【译文】

《搜神记》记载：“夏侯恺因病去世。同族人苟奴能够看见鬼神。他看见夏侯恺来取马匹，使他的妻子也生了病。苟奴看见他戴着平顶头巾，穿着单衣，进屋坐到生前常坐的靠西墙的大床上，向人要茶喝。”

刘琨《与兄子南兖州刺史演书》云[1]：“前得安州干姜一斤[2]，桂一斤，黄芩一斤[3]，皆所须也。吾体中愦闷[4]，常仰真茶[5]，汝可置之。”

【注释】

①南兖州：据《晋书·地理志下》载："元帝侨置兖州，寄居京口（明帝以郄鉴为刺史，寄居广陵）。后改为南兖州，或还江南，或居盱眙，或居山阳。"因在山东、河南的原兖州已被石勒占领，东晋于是在南方侨置南兖州（同时侨置的有多处），安置北方南逃的官员和百姓。《晋书》所载刘演事迹较简略，只记载任兖州刺史，驻廪丘。刘琨在东晋建立的第二年（318）于幽州被段匹磾所害，这两年刘演尚在北方；"南"字似为后人所加，前面目录也无此字，存疑。

②安州：晋代的州，是第一级大行政区，统辖许多郡、国（第二级行政区），没有安州。晋至隋时只有安陆郡，到唐代才改称安州。在今湖北安陆一带。这一段文字，恐非刘琨原文，当为人有所更改。

③黄芩：多年生草本植物。叶子对生，披针形，开淡紫色花。根黄色，中医用做清凉解热剂。

④愦（kuì）：烦闷。

⑤真茶：好茶，名茶。

【译文】

刘琨《与兄子南兖州刺史演书》中写道："先前收到你寄来的安州干姜一斤、桂一斤、黄芩一斤，都是我所需要的。我身体不适心情烦闷时，常常仰靠好茶来提神解闷，你可以多置办一些。"

傅咸《司隶教》曰[1]："闻南市有蜀妪作茶粥卖[2]，为廉事打破其器具[3]，后又卖饼于市。而禁茶粥以困蜀姥，何哉？"

【注释】

①《司隶教》：司隶校尉的指令。司隶校尉为职掌律令、举察京师百官的官职。教，古时上级对下级的一种文书名称，犹如近代的指令。

②茶粥：又称茗粥、茗糜。把茶叶与米粟、高粱、麦子、豆类、芝麻、红枣等合煮的羹汤。现在我国南方和日本的一些地方，仍然有这种吃法。

③廉事：不详，当为某级官吏。

【译文】

傅咸《司隶教》中说："听说南市有蜀妇煮茶粥售卖，廉事把她的器皿打破，之后她又在市中卖饼。禁卖茶粥为难蜀妇，这究竟是为什么呢？"

《神异记》[1]："余姚人虞洪入山采茗，遇一道士，牵三青牛，引洪至瀑布山曰：'吾，丹丘子也。闻子善具饮，常思见惠。山中有大茗，可以相给。祈子他日有瓯牺之余，乞相遗也。'因立奠祀，后常令家人入山，获大茗焉。"

【注释】

①《神异记》：鲁迅《中国小说史略》："类书间有引

《神异记》者，则为道士王浮作。”王浮，西晋惠帝时人。

【译文】

《神异记》记载：“余姚人虞洪进山采茶，遇见一道士，牵着三头青牛。道士领着虞洪来到瀑布山，说：‘我是丹丘子，听说你善于煮茶饮，常想请你送些给我品尝。山中有大茶，可以供你采摘。希望你日后有喝不完的茶时，能送些给我喝。’虞洪于是以茶作祭品进行祭祀，后来经常叫家人进山，果然采到大茶。”

左思《娇女诗》①：“吾家有娇女，皎皎颇白皙②。小字为纨素③，口齿自清历④。有姊字惠芳，眉目粲如画。驰骛翔园林⑤，果下皆生摘。贪华风雨中，倏忽数百适⑥。心为茶荈剧，吹嘘对鼎钘⑦。”

【注释】

①左思《娇女诗》：描写两个小女儿天真顽皮的形象。据《玉台新咏》、《太平御览》所载，原诗共五十六句，本书所引仅十二句，陆羽不是摘录某一段落，而是将前后诗句进行拼合。个别字与前两书所载不同。

②皙（xī）：肤色白净。

③小字：一般作乳名解，但这里是指小的那个女儿名字叫纨素，与下面“其姊字蕙芳”是对称的。

④清历：分明，清楚。

⑤驰骛：奔走，奔竞。

⑥倏（shū）忽：顷刻，极短的时间。适：到，往。

⑦心为茶荈（chuǎn）剧，吹嘘对鼎钘：因为急于要烹好茶茗来喝，于是对着锅鼎吹火。吹嘘，呼气，吹气。钘（lì）：同“鬲”，形状同鼎，有三足，可直接在其下生火，而不需炉灶。

【译文】

左思《娇女诗》云：“我家有娇女，肤色很白净。小妹叫纨素，口齿很伶俐。姐姐叫蕙芳，眉目美如画。跑跳园林中，未熟就摘果。爱花风雨中，顷刻百进出。心急欲饮茶，对炉直吹气。”

张孟阳《登成都楼》诗云[①]：“借问扬子舍，想见长卿庐[②]。程卓累千金[③]，骄侈拟五侯[④]。门有连骑客，翠带腰吴钩[⑤]。鼎食随时进，百和妙且殊[⑥]。披林采秋橘，临江钓春鱼。黑子过龙醢[⑦]，果馔逾蟹蝑[⑧]。芳茶冠六清[⑨]，溢味播九区[⑩]。人生苟安乐，兹土聊可娱。”

【注释】

①张孟阳《登成都楼》：诗名近人丁福保《全汉三国晋南北朝诗》作张载《登成都白菟楼》。《晋书·张载传》记载张载父张收任蜀郡（治成都）太守，载于太康元年（280）至蜀探亲，一般认为诗作于此时。原诗三十二句，陆羽仅摘录后面的一半。白菟楼又名张仪楼，即成都城西南门城楼，楼很高大，

临山瞰江。

②扬子：对扬雄的敬称。长卿：司马相如表字。扬雄和司马相如都是成都人。扬雄的草玄堂，相如晚年因病不做官时住的庐舍，都在白菟楼外不远处。两人都是西汉著名的辞赋家，诗文描述成都地方历代人物辈出。

③程卓：指汉代程郑和卓王孙两大富豪之家。累千金：形容积累的财富多。汉代程郑和卓王孙两家迁徙蜀郡临邛以后，因为开矿铸造，非常富有。《史记·货殖列传》说卓氏之富“倾动滇蜀”，程氏则“富埒卓氏”。

④骄侈拟五侯：说程、卓两家的骄横奢侈，比得上王侯。五侯，指五侯九伯之五侯，即公、侯、伯、子、男五等爵，亦指同时封侯五人。东汉梁冀因为是顺帝的内戚，他的儿子和叔父五人都封为侯爵，专权骄横达二十年，都过着穷奢极侈的生活。一说指东汉桓帝封宦官单超、徐璜等五人为侯，“五人同日封，世谓之五侯。自是权归宦官，朝政日乱矣”，后以泛称权贵之家为五侯家。

⑤门有连骑客，翠带腰吴钩：宾客们接连地骑着马来到，镶嵌翠玉的腰带上佩挂名贵的刀剑。连骑，古时主仆都骑马称为连骑，表明这人地位高贵。翠带，镶嵌翠玉的皮革腰带。吴钩，即吴越之地出产的刀剑，刃稍弯，极锋利，驰誉全国。

⑥鼎食：古时贵族进餐，以鼎盛菜肴，鸣钟击鼓奏乐，

所谓“钟鸣鼎食”。时：时节，时新。百和：形容烹调的佳肴多种多样。和，烹调。殊：不同。

⑦黑子：未详出典，有解作鱼子者。龙醢：龙肉酱，古人以为味极美，张载是将鱼子同龙肉酱比美。醢，肉酱。

⑧果馔（zhuàn）：果品与菜肴。泛指饮食。馔，食物，菜肴。蟹蝑（xiè）：蟹酱。

⑨芳茶冠六清：芳香的茶茗超过六种饮料。六清，六种饮料，《周礼·天官·膳夫》：“饮用六清”，即水、浆、醴（甜酒）、醇（以水和酒）、医（酒的一种）、酏（去渣的粥清）。底本及诸校本皆作“六情”。六情，是人类“不学而能”的天生的六种感情，东汉班固《白虎通》卷下云：“喜、怒、哀、乐、爱、恶，谓六情。”佛经则以眼、耳、鼻、舌、身、意为六情。以这些与芳香的茶茗相比拟都是不妥的。

⑩九区：即九州，古时分中国为九州，关于九州的说法不一。《书·禹贡》作冀、兖、青、徐、扬、荆、豫、梁、雍；《尔雅·释地》有幽、营州而无青、梁州；《周礼·夏官·职方》有幽、并州而无徐、梁州。后以九州泛指天下，全中国。

【译文】

张孟阳《登成都楼》诗下半首云：“请问扬雄的故居在何处？司马相如的故居是哪般模样？程郑、卓王孙两大豪门积累巨富，骄横奢侈可比五侯之家。他们的门前经常有连骑而来的贵客，镶嵌翠玉的腰带上佩挂名贵的刀剑。家中钟鸣鼎食，各种各样时新的美味精妙无比。秋季走进林中采摘柑橘，春天可在江边把竿垂钓。黑子的美味胜过龙肉酱，瓜果做的菜肴鲜美胜过蟹酱。芳香的茶茗胜过各种饮料，美味盛誉传遍全天下。如果寻求人生的安乐，成都这块乐土还是能够让人们尽享欢乐的。”

傅巽《七诲》①：“蒲桃宛柰②，齐柿燕栗，峘阳黄梨③，巫山朱橘，南中茶子④，西极石蜜⑤。”

【注释】

①《七诲》：“七”为文体的一种，亦称七体，为赋的另一形式。南朝梁萧统《文选》列“七”为一门。近人严可均纂辑《全上古三代秦汉三国六朝文》所辑《七诲》仅存片断，全文现可从日藏弘仁本唐高宗朝大型诗文总集《文馆词林》中得见。

②蒲桃、宛柰（nài）：这一段都是在食品前冠以产地。蒲，古代有几个地点，西晋的蒲阪县，属河东郡，今山西永济西。后代简称蒲者，多指此处。宛，宛县，为荆州南阳国首府，在今河南南阳。柰，俗名花红，亦名沙果。据明李时珍《本草纲目·果部·林檎》集解：柰与林檎一类二种也，树实皆似林檎而大。按：花红、林檎、沙果实一物而异名，果味似苹果，供生食，从古代大宛国传来。

③峘（héng）阳：峘，通“恒”。恒阳有二解，一是指恒山山阳地区，一是指恒阳县，在今河北曲阳。

④南中：古地区名。大概在今四川大渡河以南、贵州西部和云南全省。三国蜀汉以巴、蜀为根据地，其地在巴、蜀之南，故名。蜀诸葛亮南征后，置南中四郡，政治中心在今云南曲靖。

⑤西极：西向极远之处。一说是今甘肃张掖一带，一说泛指今我国新疆及中亚一带。石蜜：一说是用甘蔗炼糖，成块者即为石蜜。一说是蜂蜜的一种，采于石壁或石洞的叫做石蜜。

【译文】

傅巽《七诲》记载："山西的桃子，河南的苹果，齐地的柿子，燕地的板栗，恒阳的黄梨，巫山的红橘，南中的茶子，西极的石蜜。"

弘君举《食檄》："寒温既毕[①]，应下霜华之茗[②]；三爵而终[③]，应下诸蔗、木瓜、元李、杨梅、五味、橄榄、悬豹、葵羹各一杯[④]。"

【注释】

①寒温：寒暄，问寒问暖。多指宾主见面时谈天气冷暖起居之类的应酬话。

②霜华之茗：茶沫白如霜花的茶饮。

③三爵：喝了三杯酒。爵，古代盛酒器，三足两柱，此处作为饮酒计量单位。

④诸蔗：甘蔗。元李：大李子。悬豹：吴觉农以为似为"悬钩"形近之误。悬钩，山莓的别名，又称木

莓，蔷薇科，茎有刺如悬钩，子酸美，人多采食。
葵羹：棉葵科冬葵，茎叶可煮羹饮。

【译文】

弘君举《食檄》说："见面寒暄应酬之后，应该先喝沫白如霜的好茶；酒过三巡，应该再陈上甘蔗、木瓜、元李、杨梅、五味、橄榄、悬豹、葵羹各一杯。"

孙楚《歌》[1]："茱萸出芳树颠，鲤鱼出洛水泉。白盐出河东[2]，美豉出鲁渊[3]。姜、桂、茶荈出巴蜀，椒、橘、木兰出高山。蓼苏出沟渠[4]，精稗出中田[5]。"

【注释】

①孙楚《歌》：此《歌》已散佚，歌题不详，明人张溥《汉魏六朝百三家集》所编《孙冯翊集》中未有收录。近人丁福保《全汉三国晋南北朝诗》之《全晋诗》收录，题名曰"出歌"。

②河东：晋代郡名。在今山西西南。境内解州（在今山西运城西南）、安邑（在今山西运城东北）均产池盐，解盐在我国古代既著名又重要。

③鲁：在今山东西南部。渊：湖泽，鲁地多湖泽。

④蓼（liǎo）：一年生或多年生草本植物，有水蓼、红蓼、刺蓼等。味辛，又名辛菜，可作调味用，古时常作烹饪佐料。苏：宋罗愿《尔雅翼》："叶下紫色而气甚香，今俗呼为紫苏。煮饮尤胜。取子研汁煮粥良。

长服令人肥白、身香。亦可生食，与鱼肉作羹。”

⑤稗（bài）：精米。中田：倒装词，即田中。

【译文】

孙楚《歌》云：“茱萸出佳木顶，鲤鱼产在洛水泉。白盐出产于河东，美豉出于鲁地湖泽。姜、桂、茶荈出产于巴蜀，椒、橘、木兰出产在高山。蓼苏生长在沟渠，精米出产于田中。”

华佗《食论》[①]：“苦茶久食，益意思。”

【注释】

①华佗（约141—208）：字元化，今安徽亳州人，医术高明，是东汉末年著名的医家。《三国志·魏书》有传。《食论》：不详。

【译文】

华佗《食论》说：“长期饮茶，能增益思维能力。”

壶居士《食忌》[①]：“苦茶久食，羽化[②]；与韭同食，令人体重。”

【注释】

①壶居士：又称壶公，道家人物，据说他在空室内悬挂一壶，晚间即跳入壶中，别有天地。《食忌》：壶居士著，具体不详。本条宋叶廷珪《海录碎事》所引有所不同：“茶久食羽化。不可与韭同食，令耳聋。”

②羽化：羽化登仙。道家所言修炼成正果后的一种状态。

【译文】

壶居士《食忌》说："长期饮茶，能使人飘飘欲仙；茶与韭菜同时吃，会使人体重增加。"

郭璞《尔雅注》云："树小似栀子，冬生叶可煮羹饮[①]。今呼早取为茶，晚取为茗，或一曰荈，蜀人名之苦荼。"

【注释】

①冬生叶：茶为常绿树，立冬后，在适当的地理、气候条件下，仍然萌发芽叶。

【译文】

郭璞《尔雅注》说："茶树小如栀子，冬季叶不凋零，所生叶可煮羹汤饮用。现在把早采的叫做茶，晚采的叫做茗，或者叫做荈，蜀地的人称之为苦荼。"

《世说》[①]："任瞻，字育长，少时有令名[②]，自过江失志[③]。既下饮，问人云：'此为茶？为茗？'觉人有怪色，乃自申明云：'向问饮为热为冷。'"

【注释】

①《世说》：南朝宋临川王刘义庆等著，计八卷，梁刘孝标作注，增为十卷，见《隋书·经籍志》。后不

知何人增加“新语”二字，唐后期王方庆有《续世说新书》。现存三卷是北宋晏殊所删定。内容主要是拾掇汉末至东晋的士族阶层人物的逸闻轶事，尤详于东晋。这一段载于《纰漏第三十四》，陆羽有删节。

②令名：美好的声誉。这段原文前面说任瞻“一时之秀彦”，“童少时，神明可爱”。

③自过江失志：西晋被刘聪灭亡后，司马睿在南京建立东晋王朝，西晋旧臣多由北方渡过长江投靠东晋，任瞻也随着过江，丞相王敦在石头城（在今南京西北）迎接，并摆设茶点欢迎。失志，恍恍惚惚，失去神智。

【译文】

《世说》记载：“任瞻，字育长，年少时有美好的声誉，自从过江南渡有点恍恍惚惚失去神智。一次饮茶的时候，他问人说：‘这是茶，还是茗？’当看到别人奇怪不解的神情时，便自己辩别说：‘刚才问的是茶是热还是冷。’”

《续搜神记》[1]：“晋武帝世[2]，宣城人秦精，常入武昌山采茗[3]。遇一毛人，长丈余，引精至山下，示以从茗而去。俄而复还，乃探怀中橘以遗精。精怖，负茗而归。”

【注释】

①《续搜神记》：又名《搜神后记》，据《四库总目提

要》说："旧本题晋陶潜撰。明沈士龙《跋》谓：'潜卒于元嘉四年，而此有十四、十六两年事。《陶集》多不称年号，以干支代之，而此书题永初、元嘉，其为伪托。固不待辩。'"鲁迅在《中国小说史略》中也说，陶潜性情豁达，不致著这种书。《隋书·经籍志》已载有此书，当是陶潜以后的南朝人伪托。这一段陆羽有较大的删节。

②晋武帝：晋开国君主司马炎（236—290），司马昭之子。昭死，继位为晋王，后魏帝让位，乃登上帝位，建都洛阳，灭吴，统一中国，在位二十六年。

③武昌山：宋王象之《舆地纪胜》："武昌山，在本（武昌）县南百九十里。高百丈，周八十里。旧云，孙权都鄂，易名武昌，取以武而昌，故因名山。《土俗编》以为今县名疑因山以得之。"

【译文】

《续搜神记》记载："晋武帝时，宣城人秦精，经常进入武昌山采茶。遇见一个毛人，一丈多高，领他到山下，把茶树丛指给他看后离开。过了一会儿又回来，从怀中拿出橘子送给秦精。秦精很害怕，赶紧背着茶叶返回。"

《晋四王起事》[①]："惠帝蒙尘还洛阳[②]，黄门以瓦盂盛茶上至尊[③]。"

【注释】

①《晋四王起事》：南朝卢綝撰，计四卷。又撰有《晋

八王故事》十二卷。《隋书·经籍志》著录。后散佚，清黄奭辑存一卷，题为《晋四王遗事》。

②蒙尘：蒙受风尘，皇帝被迫离开宫廷或遭受险恶境况。房玄龄《晋书·惠帝纪》载，永宁元年（301），赵王伦篡位，将惠帝幽禁于金镛城。齐王冏、成都王颖、河间王颙、常山王乂四王同其他官员起兵声讨赵王伦。经三个月的战争，击垮赵王伦，齐王等用辇舆接惠帝回洛阳宫中。

③黄门：有官员和宦官，这里当指宦官。瓦盂：以土烧制的粗碗。至尊：皇帝。现已无从查知晋四王起事中惠帝用瓦盂喝茶的记载，但《晋书》有惠帝用瓦器饮食的记载。惠帝单车奔洛阳，途中到获嘉县，"市粗米饭，盛以瓦盆，帝噉两盂"。

【译文】

《晋四王起事》记载："赵王之乱时惠帝逃难到外面，再回到洛阳时，黄门用粗陶碗盛着茶献给他喝。"

《异苑》[①]："剡县陈务妻，少与二子寡居，好饮茶茗。以宅中有古冢，每饮辄先祀之。二子患之曰：'古冢何知？徒以劳意。'欲掘去之。母苦禁而止。其夜，梦一人云：'吾止此冢三百余年，卿二子恒欲见毁，赖相保护，又享吾佳茗，虽潜壤朽骨，岂忘翳桑之报[②]。'及晓，于庭中获钱十万，似久埋者，但贯新耳。母告二子，惭之，从是祷馈愈甚[③]。"

【注释】

①《异苑》：志怪小说及人物异闻集，南朝刘敬叔（390—470）撰。刘敬叔在东晋末为南平郡（在今湖北江陵一带）郎中令，刘宋时任给事黄门郎。此书现存十卷，已非原本。

②翳桑之报：春秋时晋国大臣赵盾在翳桑打猎时，遇见了一个名叫灵辄的饥饿垂死之人，赵盾很可怜他，给了他一些食物。后来晋灵公埋伏了很多甲士要杀赵盾，突然有一个甲士倒戈救了赵盾。赵盾问及原因，甲士回答他说："我是翳桑的那个饿人，来报答你的一饭之恩。"事见《左传·宣公二年》。

③馈（kuì）：赠送，进食于人。

【译文】

《异苑》记载："剡县陈务的妻子，青年时就带着两个儿子守寡，喜欢饮茶。因为住处有一古墓，每次饮茶时总先奉祭它。两个儿子对此感到很厌烦，说：'古墓知道什么？这么做真是白花力气。'想把古墓挖掉。母亲苦苦相劝，得以制止。当夜，母亲梦见一人说：'我住在这墓里三百多年了，你的两个儿子总要毁掉它，幸亏你保护，又让我享用好茶，我虽然是地下的朽骨，但不会忘记你的恩情不报。'天亮后，在院子里得到了十万铜钱，看起来像是埋在地下很久，只有穿钱的绳子是新的。母亲把这件事告诉两个儿子，他们都感到很惭愧，从此更加诚心地以茶祭祷。"

《广陵耆老传》[①]："晋元帝时有老姥[②]，每旦独提一器茗，往市鬻之[③]，市人竞买。自旦至夕，其器不减，所得钱散路傍孤贫乞人，人或异之。州法曹絷之狱中[④]。至夜，老姥执所鬻茗器，从狱牖中飞出[⑤]。”

【注释】

①《广陵耆老传》：作者及年代不详。

②晋元帝：东晋第一代皇帝司马睿，317 年为晋王，318 年晋愍帝在北方被匈奴所杀，司马睿在王氏世家支持下在建业称帝，改建业为建康。

③鬻（yù）：卖。

④絷（zhí）：拘捕。

⑤牖（yǒu）：窗户。

【译文】

《广陵耆老传》记载：“晋元帝时，有一老妇人，每天早晨独自提着一器皿的茶，到市上去卖，市里的人争着买她的茶。从早到晚，器皿中的茶不减少。她把赚得的钱分送给路旁的孤儿、穷人和乞丐，有人对她的行为感到不可思议。州的官吏把她捆送监狱。到了夜晚，老妇人手提卖茶的器皿，从监狱窗口飞了出去。”

《艺术传》[①]：“敦煌人单道开，不畏寒暑，常服小石子。所服药有松、桂、蜜之气，所饮茶苏而已[②]。”

【注释】

①《艺术传》：指房玄龄《晋书·艺术列传》，陆羽引文不是照录原文，文字略有出入。

②荼苏：中华书局本《晋书》作“荼苏”。

【译文】

《晋书·艺术传》记载：“敦煌人单道开，不怕严寒和酷暑，经常服食小石子。所服药有松、桂、蜜的香气，所饮用的只是茶饮和紫苏而已。”

释道说《续名僧传》[①]：“宋释法瑶，姓杨氏，河东人。元嘉中过江[②]，遇沈台真[③]，请真君武康小山寺，年垂悬车[④]，饭所饮茶。大明中[⑤]，敕吴兴礼致上京，年七十九。”

【注释】

①释道说《续名僧传》：《新唐书·艺文志》记录自晋至唐代有《高僧传》、《续高僧传》数种，此处名称略异，不知《续名僧传》是否其中一种。《续高僧传》有释道悦传，道悦652年仍在世。释道说原本作“释道该说”，“该”当为衍字。说、悦二字通。

②元嘉：南朝宋文帝年号，共三十年，424—453年。

③沈台真：沈演之（397—449），字台真，南朝宋吴兴郡武康（在今浙江德清）人。家世为将，“折节好学，读老子日百遍，以义理业尚知名”。《宋书》有传。

④年垂悬车：典出西汉刘安《淮南子·天文训》：“爰

止羲和，爰息六螭，是谓悬车。”悬车原指黄昏前的一段时间。又指人年七十岁退休致仕。元嘉二十六年（449），沈演之卒时方五十余岁，则悬车是指当时法瑶的年龄接近七十岁。据此，后文言法瑶七十九岁时的“永明中”时间当有误，当是据《梁高僧传》所言此事发生在大明六年（462）。

⑤大明：南朝宋孝武帝年号，共八年，即457—464年。底本原作“永明”，永明为南朝齐武帝年号，共十一年，即483—493年。

【译文】

释道说《续名僧传》记载：“南朝宋释法瑶，本姓杨，河东人。元嘉年间过江，遇见了沈演之，请沈演之到武康小山寺。这时法瑶已年近七十，拿饮茶当饭。大明年间，皇帝诏令吴兴官吏将法瑶礼送进京，那时他年纪为七十九。”

宋《江氏家传》①：“江统，字应元，迁愍怀太子洗马②，常上疏。谏云：‘今西园卖醯、面、蓝子、菜、茶之属③，亏败国体。’”

【注释】

①宋《江氏家传》：南朝宋江饶撰，共七卷，今已散佚。

②愍怀太子：晋惠帝庶长子司马遹，惠帝即位后，立为皇太子。年长后不好学，不尊敬保傅，屡缺

朝觐，与左右在后园嬉戏。常于东宫、西园使人杀猪、沽酒或做其他买卖，坐收其利。永康元年（300），被惠帝贾后害死，年二十一。事见《晋书》。

③醯（xī）：醋。

【译文】

宋《江氏家传》记载："江统，字应元。升任愍怀太子洗马，经常上疏。曾经劝谏道：'现在西园里面卖醋、面、蓝子、菜、茶之类的东西，有损国家体统。'"

《宋录》[①]："新安王子鸾、豫章王子尚诣昙济道人于八公山，道人设茶茗。子尚味之曰：'此甘露也，何言茶茗？'"

【注释】

①《宋录》：周靖民言为南朝齐王智深撰，不知何据。检《南齐书》、《南史》等书，皆言智深撰《宋纪》。又《茶经述评》称《隋书·经籍志》著录《宋录》，亦遍检不见。布目潮沨言《宋录》或为南朝梁裴子野《宋略》之误。按：《旧唐书》著录"《宋拾遗录》十卷，谢绰撰"，未知是否为其略称。

【译文】

《宋录》记载："新安王刘子鸾、豫章王刘子尚到八公山拜访昙济道人，昙济设茶招待。子尚品尝后说：'这是甘露啊，怎么能说是茶呢？'"

王微《杂诗》[1]："寂寂掩高阁，寥寥空广厦。待君竟不归，收领今就槚[2]。"

【注释】

①王微（415—443）：南朝宋琅玡临沂（在今山东临沂）人，字景玄，"少好学，无不通览，善属文，能书画，兼解音律、医方、阴阳、术数"。南朝宋文帝时，曾为人荐任中书侍郎、吏部郎等，皆不愿就。死后追谥秘书监。《宋书》有传。王微有《杂诗》二首，《茶经》所引为第一首。按：本篇最初所列人名总目中漏列王微名。

②"寂寂"四句:《玉台新咏》及《全汉三国晋南北朝诗》载该诗共计二十八句，陆羽节录最后四句。文字略有不同。"就槚"，有二解。一是说喝茶，一是指行将就木。

【译文】

王微《杂诗》云："静静关上楼阁的门，孤单一人守着空空的大屋子。等着你最终却不回来，只得失望地去饮茶。"

鲍照妹令晖著《香茗赋》。

【译文】

鲍照的妹妹鲍令晖写了篇《香茗赋》。

南齐世祖武皇帝遗诏[1]："我灵座上慎勿以牲为祭，但设饼果、茶饮、干饭、酒脯而已。"

【注释】

①南齐世祖武皇帝遗诏：《南齐书》载南朝齐武帝萧赜于永明十一年（493）七月临死前所写此遗诏，文字略有不同。

【译文】

南齐世祖武皇帝的遗诏曰："我的灵座上一定不要杀牲作祭品，只需供上饼果、茶饮、干饭、酒脯就可以了。"

梁刘孝绰《谢晋安王饷米等启》[1]："传诏李孟孙宣教旨[2]，垂赐米、酒、瓜、笋、菹、脯、酢、茗八种[3]。气苾新城，味芳云松[4]。江潭抽节，迈昌荇之珍[5]。疆埸擢翘，越葺精之美[6]。羞非纯束野麏，裛似雪之驴[7]。鲊异陶瓶河鲤[8]，操如琼之粲[9]。茗同食粲[10]，酢类望柑。免千里宿舂，省三月粮聚[11]。小人怀惠，大懿难忘[12]。"

【注释】

①晋安王：南朝梁武帝子萧纲（503—551），初封为晋安王，长兄昭明太子萧统卒后，继立为皇太子，后登位，称简文帝，在位仅二年。启：古时下级对上级的呈文、报告。这里是刘孝绰感谢晋安王萧纲颁赐米、酒等物品的回呈，事在531年以前。

②传诏：官衔名。有时专设，有时临事派遣。

③菹（zū）：腌菜，肉酱。酢（cù）：同“醋”。

④气苾（bì）新城，味芳云松：新城的米非常芳香，香高入云。苾，芳香。新城，历史上有多处，布目潮渢解为浙江新城县（在今浙江杭州富阳），这里所产米质很好，且唐欧阳询《艺文类聚》载有梁庾肩吾《谢湘东王赍米启》“味重新城，香逾涝水”，可见当时新城米颇有名。云松，形容松树高耸入云。

⑤江潭抽节，迈昌荇之珍：前句指竹笋，后句说菹的美好。迈，越过。昌，通“菖”，香菖蒲，古时有做成干菜吃的。荇，多年生水草，龙胆科荇属，古时常用的蔬菜。

⑥疆埸（yì）擢翘，越葺精之美：田园摘来的最好的瓜，特别的好。疆埸，田地的边界，大界叫疆，小界叫埸。擢，拔，这里作摘取解。翘，翘首，超群出众。葺精，加倍的好。葺，重叠，累积。

⑦羞非纯（tún）束野麏（jūn），裛（yì）似雪之驴：送来的肉脯，虽然不是白茅包扎的獐鹿肉，却是包裹精美的雪白干肉脯。典出《诗经·召南·野有死麕》：“野有死麕，白茅包之。”羞，珍馐，美味的食品。纯，包束。麏，亦作“麕”，獐子。裛，缠裹。

⑧鲊（zhǎ）：腌制的鱼或其他食物。河鲤：《诗经·陈风》：“岂食其鱼，必河之鲤。”黄河出产的鲤鱼，味鲜美。

⑨操如琼之粲：馈赠的大米像琼玉一样晶莹。操，拿

着。琼，美玉。粲，上等白米，精米。

⑩茗同食粲：茶和精米一样的好。

⑪免千里宿舂，省三月粮聚：这是刘孝绰总括地说颁赐的八种食品可以用好几个月，不必自己去筹措收集了。千里、三月是虚数词，未必恰如其数。典出《庄子·逍遥游》："适百里者宿舂粮，适千里者三月聚粮。"

⑫懿（yì）：美，善。

【译文】

梁刘孝绰《谢晋安王饷米等启》呈文中说："传诏李孟孙宣布了您的告谕，赏赐给我米、酒、瓜、笋、菹、脯、酢、茗等八种食品。新城的米非常芳香，香高入云。水边初生的竹笋，鲜美胜过香菖蒲、荇菜。田里摘来最好的瓜，加倍的美味。肉脯虽然不是白茅包扎的獐鹿肉，却是包裹精美雪白的干肉脯。腌鱼比陶瓶里装的黄河鲤鱼更加美味，馈赠的大米像琼玉一样晶莹。茶和精米一样的好，馈赠的醋像看着柑橘就感到酸味一样的好。您赏赐的这八种食物如此丰富，使我好长时间都不必自己去筹措收集了。我记着您的恩惠，您的大德我永远难忘。"

陶弘景《杂录》[①]："苦茶轻身换骨，昔丹丘子、黄山君服之。"

【注释】

①《杂录》：是书不详。《太平御览》所引称陶氏此书

为《新录》。

【译文】

陶弘景《杂录》说："苦茶能使人轻身换骨，从前丹丘子、黄山君都饮用它。"

《后魏录》："琅琊王肃仕南朝，好茗饮、莼羹[1]。及还北地，又好羊肉、酪浆。人或问之：'茗何如酪？'肃曰：'茗不堪与酪为奴。'"

【注释】

①莼（chún）羹：莼菜做的羹。莼乃水莲科莼属，春夏之际，其叶可食用。

【译文】

《后魏录》记载："琅琊人王肃在南朝做官时，喜欢饮茶，喝莼菜羹。等到回到北方，又喜欢吃羊肉，喝羊奶。有人问他：'茶比奶酪怎么样？'王肃说：'茶无法和奶酪相比，只配给奶酪做奴仆。'"

《桐君录》[1]："西阳、武昌、庐江、晋陵好茗[2]，皆东人作清茗[3]。茗有饽，饮之宜人。凡可饮之物，皆多取其叶。天门冬、拔揳取根[4]，皆益人。又巴东别有真茗茶[5]，煎饮令人不眠。俗中多煮檀叶并大皂李作茶[6]，并冷[7]。又南方有瓜芦木，亦似茗，至苦涩，取为屑茶饮，亦可通夜不眠。煮盐人但资此饮，而交、广最重[8]，客来先设，乃加以香芼辈[9]。"

【注释】

①《桐君录》：全名为《桐君采药录》，或简称《桐君药录》，药物学著作，南朝梁陶弘景《本草序》中载有此书："又有《桐君采药录》，说其花叶形色，《药对》四卷，论其佐使相须。"当成书于东晋（4世纪）以后，5世纪以前。陆羽将其列在南北朝各书之间。

②西阳：西晋时有西阳县，为弋阳郡治，在今河南光山西。观本节七个地名都是郡国或州名，则此西阳当为西阳国，西晋元康初分弋阳郡置，治所在西阳县（在今河南光山西南）。永嘉后与县同移治今湖北黄州东，东晋改为西阳郡。武昌：郡名。三国吴分江夏郡六县置，属荆州，治所武昌县（在今湖北鄂州），旋改江夏郡。西晋太康初又改为武昌郡。东晋属江州，南朝宋属郢州。庐江：郡名。楚汉之际分九江郡置，汉武帝后治舒（在今安徽庐江西南），东汉末废。三国魏置庐江郡属扬州，治六安县（在今安徽六安北）。三国吴所置庐江郡治皖县（在今潜山）。西晋时将魏、吴所置二郡合并，移治舒县（在今安徽舒城）。南朝宋属南豫州，移治灊（在今安徽霍山东北）。南朝齐建元二年（480）移治舒县。南朝梁移治庐江县（在今安徽庐江），属湘州。晋陵：郡名。西晋永嘉五年（311）因避讳改毗陵郡置，属扬州，治丹徒（在今江苏丹徒南）。东晋太兴元年（318）移治京口（在今江苏镇江），义

熙九年（413）移治晋陵县（在今江苏常州）。辖境大概在今江苏镇江、常州、无锡、丹阳、武进、江阴等地。南朝宋元嘉八年（431）改属南徐州。

③清茗：不加葱、姜等佐料的清茶。

④天门冬：多年生草本植物，可药用，去风湿寒热，杀虫，利小便。拔揳：别名金刚骨、铁菱角，属百合科，多年生草本植物，根状茎可药用，能止渴，治痢。

⑤巴东：郡名。东汉建安六年（201）改永宁郡置，属益州，治鱼腹（在今重庆奉节东），辖境大概在今重庆。

⑥大皂李：即皂荚，其果、刺、子皆入药。

⑦并冷：《本草纲目》引作“并冷利”，清凉爽口的意思。

⑧交、广：交州和广州。据《晋书·地理志下》载：交州东汉建安八年（203）始置，吴黄武五年（226）割南海、苍梧、郁林三郡立广州，交趾、日南、九真、合浦四郡为交州。及孙皓，又立新昌、武平、九德三郡，交州统郡七，治龙编县（在今越南河内东）。辖境大概在今广西钦州地区、广东雷州半岛，越南北部、中部地区。

⑨香芼（mào）辈：各种芳香佐料。

【译文】

《桐君录》记载：“西阳、武昌、庐江、晋陵等地人都喜欢饮茶，有客人来时主人会用清茶招待。茶有汤花浮沫，喝了对人有益。凡是可作饮料的植物，大都是采用它的叶子。而天门冬、拔揳却是用其根，都对人有益。此外，巴东地区另有一种真正的好茶，煮饮后能使人不睡。另有一种习俗是把檀木叶和大皂李叶煎煮当茶饮，两者都很清凉爽口。还有南方的瓜芦树，也很像茶，味道非常苦涩，采来加工成末当茶一样煎煮了喝，也可以使人整夜不睡。煮盐的人全靠喝这种茶饮，而交州和广州一带最重视这种茶饮，客人来了都先用它来招待，还会在其中添加各种芳香佐料。”

《坤元录》①：“辰州溆浦县西北三百五十里无射山②，云蛮俗当吉庆之时，亲族集会歌舞于山上。山多茶树。”

【注释】

①《坤元录》:《宋史·艺文志》记其为唐魏王李泰撰，共十卷。宋王应麟《玉海》认为此书“即《括地志》也，其书残缺，《通典》引之”。

②辰州：唐时属江南道，唐武德四年（621）置，五年分辰溪置溆浦。无射山：无射，东周景王时的钟名，可能此山像钟而名。

【译文】

《坤元录》记载：“辰州溆浦县西北三百五十里，有无射山，当地土人风俗，每逢吉庆的时日，亲族都到山上集会歌舞。山上有很多茶树。”

《括地图》[1]："临蒸县东一百四十里有茶溪[2]。"

【注释】

①《括地图》：当为《括地志》，宋王应麟《玉海》认为是同一书。按：本条内容《太平御览》引作《括地图》，南宋王象之《舆地纪胜》引作《括地志》。《括地志》，唐魏王李泰命萧德言、顾胤等四人撰，贞观十五年（641）撰毕，表上唐太宗。计五百五十卷，《序略》五卷。

②临蒸县：原本作"临遂县"，查历代中国无这一县名。南宋王象之《舆地纪胜》引《括地志》："临蒸县百余里有茶溪"，据改。《旧唐书》记载：吴分蒸阳立临蒸县，隋改为衡阳县，唐初武德四年复为临蒸，开元二十年（732）再改称衡阳县，为衡州州治所。

【译文】

《括地图》记载："临蒸县东面一百四十里处，有茶溪。"

山谦之《吴兴记》："乌程县西二十里[1]，有温山，出御荈。"

【注释】

①乌程县：吴兴郡治所在，在今浙江湖州。

【译文】

山谦之《吴兴记》记载："乌程县西二十里有温山，出产上贡的御茶。"

《夷陵图经》[①]："黄牛、荆门、女观、望州等山，茶茗出焉。"

【注释】

①夷陵：郡名。隋大业三年（607）改硖州置，治夷陵县（在今湖北宜昌西北）。辖境大概在今湖北宜昌。唐初改为硖州，天宝间改夷陵郡，乾元初复改硖州。

【译文】

《夷陵图经》记载："黄牛、荆门、女观、望州等山，都出产茶叶。"

《永嘉图经》[①]："永嘉县东三百里有白茶山。"

【注释】

①永嘉：隋开皇九年（589）改永宁县置，唐高宗上元二年（675）为温州治。《光绪永嘉县志·舆地志·山川》："茶山，在城东南二十五里，大罗山之支。（谨按：《通志》载'白茶山'，《茶经》：'《永嘉图经》：县东三百里有白茶山'，而里数不合，旧府县志亦未载，附识俟考。）"

【译文】

《永嘉图经》记载："永嘉县以东三百里有白茶山。"

《淮阴图经》[①]："山阳县南二十里有茶坡。"

【注释】

①淮阴：楚州淮阴郡，治山阳县（在今江苏淮安）。

【译文】

《淮阴图经》记载："山阳县以南二十里有茶坡。"

《茶陵图经》云："茶陵者①，所谓陵谷生茶茗焉。"

【注释】

①茶陵：县名。西汉元封五年（前106）始置县，属长沙国，治所在今湖南茶陵东。东汉属长沙郡。三国属湘东郡。隋废。唐圣历元年（698）复置，属衡州，移治今湖南茶陵。以南临茶山得名。

【译文】

《茶陵图经》说："茶陵，就是陵谷中生长着茶的意思。"

《本草·木部》①："茗，苦茶。味甘苦，微寒，无毒。主瘘疮②，利小便，去痰渴热，令人少睡。秋采之苦，主下气消食。"注云："春采之。"

【注释】

①《本草》：《茶经》中所引《本草》为徐勣、苏敬（宋代避讳改其名为"恭"）等修订的《新修本草》。唐高宗显庆二年（657），采纳苏敬的建议，诏命长孙

无忌、苏敬、吕才等二十多人在《神农本草经》及其《集注》的基础上进行修订，以英国公徐勣为总监，显庆四年（659）编成，颁行全国，是我国第一部由国家颁行的药典，全书共五十四卷。后世又称《唐本草》，或《唐英公本草》。

②瘘（lòu）：瘘管，人体内因发生病变久则成脓而溃漏生成的管子。疮：疮疖，多发生溃疡。

【译文】

《本草·木部》记载："茗，就是苦荼。味甘苦，性微寒，无毒。主治瘘疮，利尿，去痰，解渴，散热，使人少睡。秋天采摘的味苦，能通气，助消化。"原注说："春天采茶。"

《本草·菜部》："苦菜，一名荼[①]，一名选[②]，一名游冬[③]，生益州川谷[④]，山陵道傍，凌冬不死。三月三日采，干。"注云[⑤]："疑此即是今茶，一名荼，令人不眠。"《本草》注[⑥]："按《诗》云'谁谓荼苦[⑦]'，又云'堇荼如饴[⑧]'，皆苦菜也。陶谓之苦茶，木类，非菜流。茗春采，谓之苦搽途遐反。"

【注释】

①一名荼：苦菜在古代本来叫"荼"，《尔雅·释草》"荼，苦菜"。

②选：植物名。不详何解。

③游冬：苦菜，因为在秋冬季低温时萌发，经过春

季至夏初成熟，所以别名“游冬”。北宋陆佃《埤雅·释草》云：“荼，苦菜也。苦菜，生于寒秋，经冬历春，至夏乃秀。《月令》：‘孟夏苦菜秀’，即此是也。此草凌冬不凋，故一名游冬。”

④益州：隋蜀郡，唐武德元年（618）改为益州，天宝初又改为蜀郡，至德二载（757）改为成都府。

⑤注云：“注云”以上是《唐本草》照录《神农本草经》的原文，“注云”以下是陶弘景《神农本草经集注》文字。

⑥《本草》注：是《唐本草》所作的注。

⑦谁谓荼苦：出自《诗经·邶风·谷风》：“谁谓荼苦，其甘如荠。”

⑧堇荼如饴：出自《诗经·大雅·绵》：“周原膴膴，堇荼如饴”，描述周族祖先在周原地方采集堇菜和苦菜吃。

【译文】

《本草·菜部》记载：“苦菜，又叫荼，又叫选，又叫游冬，生长在益州的河谷、山陵和道路旁，寒冬也不会冻死。三月三日采摘，制干。”陶弘景注：“可能这就是现今所称的茶，又叫荼，喝了使人不睡。”《本草》注云：“按《诗经》中所说‘谁谓荼苦’、‘堇荼如饴’的‘荼’，指的都是苦菜。陶弘景所言称苦荼，是木本植物，不是菜类。茗，春季采摘，称为苦搽音途遐反。”

《枕中方》①：“疗积年瘘，苦茶、蜈蚣并炙，令香熟，等分，捣筛，煮甘草汤洗，以末傅之。”

【注释】

①《枕中方》：南宋《秘书省续编到四库阙书目》著录有“孙思邈《枕中方》一卷，阙”。有医书引录《枕中方》中的单方。而《新唐书·艺文志》、《宋史·艺文志》、《通志》、《崇文总目》皆著录为孙思邈《神枕方》一卷，叶德辉考证认为是一书二名。

【译文】

《枕中方》记载：“治疗多年的瘘疾，用苦茶和蜈蚣一同烤炙，等到烤熟发出香味，分成相等的两份，捣碎筛末，一份加甘草煮水擦洗，一份直接以末外敷。”

《孺子方》①：“疗小儿无故惊蹶②，以苦茶、葱须煮服之。”

【注释】

①《孺子方》：小儿医书，具体不详。《新唐书·艺文志》有“孙会《婴孺方》十卷”，《宋史·艺文志》有“王彦《婴孩方》十卷”，当是类似医书。

②惊蹶：一种有痉挛症状的小儿病。发病时，小儿神志不清，手足痉挛，常易跌倒。

【译文】

《孺子方》记载：“治疗小儿不明原因的惊蹶，用苦茶和葱须一起煎水服用。”

八之出

《八之出》记述了中唐时期的茶叶地理。

陆羽基本按照两个原则进行记述，一是行政区划，一是茶叶品质。总共记录唐代八道四十三州郡产茶，除了当时不在唐朝界内的南诏国（今云南）外，基本与现今中国的产茶地区相一致。（有论者以为陆羽未将云南列入本章的茶产区是种不完整，还是未免太苛责古人了。）对于不同产区的茶叶品质，陆羽都分别给以“上，次，下，又下”四个等级的评价，并且将不同地区的茶叶品质进行比较。

从陆羽所论列的产茶州县情况的详略，可以大致判断陆羽在哪些地区进行过较为详细的考察。一般而言，在县以下列有更小地名及所产茶的，应该就是陆羽到过并进行过详细考察的地区。

从茶产区小注文中可以看到，陆羽对于湖州的描述最详细，所记小地名也最多，从此可知陆羽对这一地区的考察最为细致，这也是促使他最终在这一地区写作《茶经》的原因之一。也与《南部新书》记录陆羽曾于大历五年（770）致信国子祭酒杨绾，并寄湖州顾渚紫笋茶推荐此茶的事情相印证。

陆羽是在实地考察以及亲身体验的基础上写作本章内容的。同时，熟悉者详细记之，不熟者则客观诚实地言以“未详”，再次体现了陆羽客观诚实的科学态度。

山南[1]，**以峡州上**[2]，峡州生远安、宜都、夷陵三县山谷[3]。**襄州、荆州次**[4]，襄州生南漳县山谷[5]，荆州生江陵县山谷[6]。**衡州下**[7]，生衡山、茶陵二县山谷[8]。**金州、梁州又下**[9]。金州生西城、安康二县山谷[10]，梁州生褒城、金牛二县山谷[11]。

【注释】

①山南：唐贞观十道之一，因在终南、太华二山之南，故名。其辖境大概在今四川嘉陵江流域以东，陕西秦岭、甘肃嶓冢山以南，河南伏牛山西南，湖北涢水以西，自重庆至湖南岳阳之间的长江以北地区。开元间分为东、西两道。

②峡州：原名硖州，北周改拓州置，唐宋延续，北宋元丰年间改硖为峡，而后称峡州。峡州之地在长江三陕之口，治夷陵（在今湖北宜昌）。唐杜佑《通典》载："土贡茶芽二百五十斤。"出产的名茶有碧涧、明月、芳蕊、茱萸簝、小江园茶。上：与下文的"次"、"下"、"又下"，是陆羽所评各州茶叶质量的四个等级，唐裴汶《茶述》把碧涧茶列为全国第二类贡品。

③远安：县名。在今湖北远安。宜都：县名。在今湖北宜都。

④襄州：隋为襄阳郡，唐武德四年（621）改为襄州，治襄阳县襄阳城。天宝初改为襄阳郡，十四年（755）置防御使。乾元初复为襄州。唐肃宗上元二

年（761）置襄州节度使。

⑤南漳：在今湖北南漳。

⑥江陵：在今湖北江陵。

⑦衡州：隋衡山郡，武德四年置衡州，治衡阳县（武德四年至开元二十年名为临蒸县，在今湖南衡阳）。天宝初改为衡阳郡，乾元初复为衡州。按：衡州在唐代前期由江陵都督府统管，江陵属山南道，故陆羽把衡州列为此道。至德以后，改属江南西道。

⑧衡山：县名。约在今湖南衡山。原属潭州，后划入衡州。唐李肇《唐国史补》载名茶"有湖南之衡山"，唐杨晔《膳夫经手录》载衡山茶运销两广及越南，唐裴汶《茶述》把衡山茶列为全国第二类贡品。

⑨金州：唐武德年间改西城郡为金州，治西城县（在今陕西安康）。天宝初改为安康郡，至德二年（757）改为汉南郡，乾元元年（758）复为金州。《新唐书·地理志》载金州土贡茶芽。唐杜佑《通典》载金州土贡"茶芽一斤"。梁州：唐属山南道，治南郑县（在今陕西汉中东）。辖境大概在今陕西汉中的南郑、城固、勉县及宁强北部地区。开元十三年（725）改梁州为褒州，天宝初改为汉中郡，乾元初复为梁州，兴元元年（784）改为兴元府。《新唐书·地理志》载土贡茶。

⑩西城：汉置县，到唐代地名未变，唐代金州治所，在今陕西安康。安康：唐代金州属县，在今陕西汉阴。

⑪褒城：县名。在今陕西汉中西北。底本作“襄城”，隶河南道许州，在今河南襄城，不属山南道梁州，而且不产茶。显系“褒”、“襄”形近之误。金牛：唐武德三年（620）以县置褒州，析利州之绵谷置金牛县，八年州废，改隶梁州。宝历元年（825），并入西县（今勉县）为镇。

【译文】

山南，以峡州所产的茶为最好，峡州茶出产于远安、宜都、夷陵三县的山谷。襄州、荆州所产茶为次好，襄州茶产于南漳县山谷，荆州产于江陵县山谷。衡州所产茶差些，产于衡山、茶陵二县山谷。金州、梁州茶又差一些。金州茶产于西城、安康二县山谷，梁州茶产于褒城、金牛二县山谷。

淮南，以光州上①，生光山县黄头港者，与峡州同。义阳郡、舒州次②，生义阳县钟山者与襄州同③，舒州生太湖县潜山者与荆州同④。寿州下，盛唐县生霍山者与衡山同也⑤。蕲州、黄州又下⑥。蕲州生黄梅县山谷⑦，黄州生麻城县山谷⑧，并与金州、梁州同也。

【注释】

①光州：唐属淮南道，武德三年（620）改弋阳郡为光州，治光山县（在今河南光山），太极元年（712）移治定城县（在今河南潢川）。天宝初复为弋阳郡，乾元初又改光州。辖境大概在今河南潢川、光山、固始、商城、新县一带。

②义阳郡：唐初改隋义阳郡为申州，大概在今河南信阳。天宝初又改称义阳郡。乾元初复称申州。《新唐书·地理志》载土贡茶。舒州：唐武德四年（621）改同安郡置，治所在怀宁县（在今安徽潜山）。天宝初复为同安郡，至德年间改为盛唐郡，乾元初复为舒州。据唐李肇《唐国史补》记载，舒州茶已于780年以前运销吐蕃。

③钟山：山名。在信阳东十八里。

④太湖县：唐舒州太湖县，在今安徽太湖。潜山：山名。北宋乐史《太平寰宇记》："潜山在县西北二十里，其山有三峰，一天柱山，一潜山，一皖山。"

⑤盛唐县：原为霍山县，唐开元二十七年（739）改名盛唐县，并移县治于驺虞城（在今六安）。天宝元年（742），又另设霍山县。霍山：山名。在霍山县西北五里，又名天柱山。霍山在唐代产茶量多而著名，称为"霍山小团"、"黄芽"。

⑥蕲州：唐武德四年（621）改隋蕲春郡为蕲州，治蕲春（在今湖北蕲春），天宝初改为蕲春郡，乾元初复为蕲州。辖境大概在今湖北蕲春、浠水、黄梅、武穴、英山、罗田等地。《新唐书·地理志》载土贡茶。唐裴汶《茶述》把蕲阳茶列为全国第一类贡品。唐李肇《唐国史补》载名茶有"蕲门团黄"，曾运销吐蕃。黄州：唐初改隋永安郡为黄州，治黄冈县（在今湖北新洲）。天宝初改为齐安郡，乾元初复为黄州。辖境大概在今湖北黄冈的麻城和红安、武汉

的黄陂和新洲、孝感的大悟等地。

⑦黄梅县：隋开皇十八年（598）改新蔡县置，唐沿之，唐李吉甫《元和郡县志》称其“因县北黄梅山为名”。在今湖北黄梅。

⑧麻城县：隋开皇十八年（598）改信安县置，唐沿之。在今湖北麻城。

【译文】

淮南，以光州所产的茶为最好，光州光山县黄头港的茶，与峡州茶品质相同。义阳郡、舒州所产茶为次好，申州义阳县钟山所产茶与襄州茶同，舒州太湖县潜山所产茶与荆州茶同。寿州所产茶差些，寿州盛唐县霍山茶与衡山茶同。蕲州、黄州茶又差一些。蕲州茶出产于黄梅县山谷，黄州茶产于麻城县山谷，均与金州、梁州茶相同。

浙西①，以湖州上②，湖州，生长城县顾渚山谷③，与峡州、光州同；生山桑、儒师二坞④，白茅山、悬脚岭⑤，与襄州、荆州、义阳郡同；生凤亭山，伏翼阁，飞云、曲水二寺、啄木岭⑥，与寿州、衡州同；生安吉、武康二县山谷⑦，与金州、梁州同。常州次⑧，常州义兴县生君山悬脚岭北峰下⑨，与荆州、义阳郡同；生圈岭善权寺、石亭山⑩，与舒州同。宣州、杭州、睦州、歙州下⑪，宣州生宣城县雅山⑫，与蕲州同；太平县生上睦、临睦⑬，与黄州同；杭州，临安、於潜二县生天目山⑭，与舒州同；钱塘生天竺、灵隐二寺⑮，睦州生桐庐县山谷⑯，歙州生婺源山谷⑰，与衡州同。润州、苏州又下⑱。润州江宁县生傲山⑲，苏州长洲县生洞庭山[20]，与金州、蕲州、梁州同。

【注释】

①浙西：唐贞观、开元间分属江南道、江南东道。乾元元年（758），置浙江西道、浙江东道两节度使方镇，并将江南西道的宣、饶、池州划入浙西节度。浙江西道简称浙西。大致辖今安徽、江苏两省长江以南、浙江富春江以北以西、江西鄱阳湖东北角地区。节度使驻润州（在今江苏镇江）。

②湖州：隋仁寿二年（602）置，大业初废。唐武德四年（621）复置，治乌程县（在今湖州）。辖境大概在今浙江湖州。天宝初改为吴兴郡，乾元初复为湖州。《新唐书·地理志》载土贡紫笋茶。唐杨晔《膳夫经手录》："湖州紫笋茶，自蒙顶之外，无出其右者。"

③长城县：隋大业末置长州，唐武德四年（621）更置绥州，又更名雉州，七年州废，以长城属湖州。五代梁改名长兴县，与今名同。顾渚山：唐代又称顾山。唐李吉甫《元和郡县志》载："长城县顾山，县西北四十二里。贞元以后，每岁以进奉顾渚紫笋茶，役工三万人，累月方毕。"《新唐书·地理志》："顾山有茶，以供贡。"唐裴汶《茶述》把它与蒙顶、蕲阳茶同列为全国上等贡品。唐李肇《唐国史补》列为全国名茶，并载其运销吐蕃。

④山桑、儒师二坞：在今长兴境内。

⑤白茅山：即白茆山，《同治湖州府志》记其在长兴县

西北七十里。悬脚岭：在今浙江长兴西北。悬脚岭是长兴与宜兴分界处，境会亭即在此。

⑥凤亭山:《明一统志》载其“在长兴县西北五十里，相传昔有凤栖于此”。伏翼阁:《明一统志》载长兴县有伏翼涧，“在长兴县西三十九里，涧中多产伏翼”。按：涧、阁字形相近，伏翼阁或为伏翼涧之误。飞云：寺名。在长兴飞云山，南朝宋元徽五年（477）置。曲水：寺名。具体不详。唐人刘商有《曲水寺枳实》诗。啄木岭:《吴兴掌故集》言其在长兴“县西北六十里，山多啄木鸟”。

⑦安吉：唐初属桃州，旋废。麟德元年（664）再置，属湖州。在今浙江安吉。武康：三国吴分乌程、余杭二县立永安县。晋改为永康，又改为武康。武德四年（621）置武州，七年州废，县属湖州。

⑧常州：唐武德三年（620）改毗陵郡为常州，治晋陵县（在今江苏常州）。垂拱二年（686）又分晋陵县西界置武进县，同为州治。天宝初改为晋陵郡，乾元初复为常州。辖境大概在今江苏常州、无锡等地。《新唐书·地理志》载土贡紫笋茶。

⑨义兴县：汉阳羡县，唐属常州，在今江苏宜兴。常州所贡茶即宜兴紫笋茶，又称阳羡紫笋茶。《唐义兴县重修茶舍记》载，御史大夫李栖筠为常州刺史时，“山僧有献佳茗者，会客尝之，野人陆羽以为芬香甘辣，冠于他境，可荐于上。栖筠从之，始进万两，此其滥觞也”。大历间，遂置茶舍于罨画溪。唐裴

汝《茶述》把义兴茶列为全国第二类贡品。君山：在宜兴南二十里，旧名荆南山，在荆溪之南。

⑩善权寺：唐羊士谔有《息舟荆溪入阳羡南山游善权寺呈李功曹巨》诗："结缆兰香渚，挈侣上连冈。"宜兴丁蜀镇有兰渚，位于县东南。善权，相传是尧舜时的隐士。石亭山：宜兴城南一小山，明王世贞《石亭山居记》记其在"城南之五里……其高与延袤皆不能里计"。

⑪宣州：唐武德三年（620）改宣城郡为宣州，治宣城县（在今安徽宣州），辖境大概在今安徽长江以南，郎溪、广德以西，旌德以北，东至以东地。杭州：隋开皇九年（589）置，唐因之，治钱塘（在今浙江杭州）。隋大业及唐天宝、至德间尝改余杭郡。辖境大概在今浙江杭州、嘉兴、海宁等地。睦州：唐武德四年（621）改隋遂安郡为睦州，万岁通天二年（697）移治建德县（在今浙江建德），辖境大概在今浙江淳安、建德、桐庐等地。天宝元年（742）改称新定郡。乾元元年（758）复为睦州。《新唐书·地理志》载土贡细茶。唐李肇《唐国史补》载名茶"睦州有鸠坑"。鸠坑在淳安西新安江畔。歙州：唐武德四年（621）改隋新安郡为歙州，治歙县（在今安徽歙县）。天宝初改称新安郡。乾元初复为歙州。辖境大概在今安徽新安江流域、祁门和江西婺源等地。唐杨晔《膳夫经手录》载有"新安含膏"、"先春含膏"，并说："歙州、祁门、婺源方茶，制置精

好，不杂木叶，自梁、宋、幽、并间，人皆尚之。赋税所入，商贾所赍，数千里不绝于道路。”

⑫雅山：又写作“鸦山”、“鸭山”、“丫山”，唐杨晔《膳夫经手录》：“宣州鸭山茶，亦天柱之亚也。”五代毛文锡《茶谱》：“宣城有丫山小方饼。”北宋乐史《太平寰宇记》记宁国县“鸦山出茶尤为时贡，《茶经》云味与蕲州同”。

⑬太平县：唐天宝十一年（752）分泾县西南十四乡置，属宣城郡。乾元初属宣州，大历中废，永泰中复置。在今安徽黄山。上睦、临睦：太平县二地名。舒溪（青弋江上游）的东源出自黄山主峰南麓，绕至东面北流，入太平县境，称为睦溪。上睦在黄山北麓，临睦在其北。

⑭临安：西晋始置，隋省，唐垂拱四年（688）复置，属杭州，在今浙江临安。於潜：汉始置，唐属杭州，清末尚有此县，现已并入临安。天目山：因山有两峰，峰顶各一池，左右相对，名曰天目。天目山脉横亘于浙西北、皖东南边境。有两高峰，即东天目山和西天目山，海拔都在一千五百米左右，东天目山在临安西北五十余里，西天目山在旧於潜北四十余里。

⑮钱塘：南朝时改钱唐县置，隋开皇十年（590）为杭州治，大业初为余杭郡治，唐初复为杭州治，在今浙江杭州。灵隐：寺名。在杭州西十五里灵隐山下（西湖西）。南面有天竺山，其北麓有天竺寺，后世

分建上、中、下三寺，下天竺寺在灵隐飞来峰。陆羽曾到过杭州，撰写有《天竺、灵隐二寺记》。

⑯桐庐县：三国吴始置为富春县，唐武德四年（621）为严州治，七年州废，仍属睦州，在今浙江桐庐。

⑰婺（wù）源：唐开元二十八年（740）置，属歙州，治所在今江西婺源西北。

⑱润州：隋开皇十五年（595）置，大业三年（607）废。唐武德三年（620）复置，治丹徒县（在今江苏镇江）。天宝元年（742）改为丹阳郡。乾元元年（758）复为润州。建中三年（782）置镇海军。辖境大概在今江苏南京、镇江、常州、金坛等地。苏州：隋开皇九年（589）改吴州置，治吴县（在今江苏苏州）。以姑苏山得名。大业初复为吴州，寻又改为吴郡。唐武德四年（621）复为苏州，七年徙治今苏州。开元二十一年（733）后，为江南东道治所。天宝元年（742）复为吴郡。乾元后仍为苏州。辖境大概在今江苏苏州、浙江嘉兴，及上海部分地区。

⑲江宁县：西晋太康二年（281）改临江县置，唐武德三年（620）改名归化县，贞观九年（635）复改白下县为江宁县，属润州。至德二年（757）为江宁郡治，乾元元年（758）为升州治，唐肃宗上元二年（761）改为上元县。在今江苏南京。傲山：不详。

⑳长洲县：唐武则天万岁通天元年（696）分吴县置，与吴县并为苏州治。1912年并入吴县。在今苏州吴中。洞庭山：又称包山，系太湖中的小岛。

【译文】

浙西，以湖州所产的茶为最好，湖州出产于长城县顾渚山谷的茶，与峡州、光州茶同；产于山桑、儒师二坞，白茅山、悬脚岭的茶，与襄州、荆州、义阳郡茶同；产于凤亭山、伏翼阁，飞云、曲水二寺，啄木岭的茶，与寿州、衡州茶同；产于安吉、武康二县山谷的茶，与金州、梁州茶同。**常州所产茶为次好，**常州出产于义兴县君山悬脚岭北峰下的茶，与荆州、义阳郡茶同；产于圈岭善权寺、石亭山的茶，与舒州茶同。**宣州、杭州、睦州、歙州所产茶差些，**宣州宣城县雅山茶，与蕲州茶同；太平县上睦、临睦出产的茶，与黄州茶同；杭州临安、於潜二县天目山所产茶，与舒州茶同；钱塘县天竺、灵隐二寺的茶，睦州桐庐县山谷所产茶，歙州婺源山谷所产茶，与衡州茶同。**润州、苏州所产茶又差一些。**润州江宁县傲山所产茶，苏州长洲县洞庭山所产茶，与金州、蕲州、梁州茶同。

剑南①，以彭州上②，生九陇县马鞍山、至德寺、棚口③，与襄州同。**绵州、蜀州次④，**绵州龙安县生松岭关⑤，与荆州同；其西昌、昌明、神泉县西山者并佳⑥，有过松岭者不堪采。蜀州青城县生丈人山⑦，与绵州同。青城县有散茶、木茶。**邛州次⑧，雅州、泸州下⑨，**雅州百丈山、名山⑩，泸州泸川者，与金州同也。**眉州、汉州又下⑪。**眉州丹棱县生铁山者⑫，汉州绵竹县生竹山者⑬，与润州同。

【注释】

①剑南：唐贞观十道、开元十五道之一，以在剑门山

以南为名。辖境包括现在四川的大部和云南、贵州、甘肃的部分地区。采访使驻益州。乾元以后，曾分为剑南西川、剑南东川两节度使方镇，但不久又合并。

②彭州：唐垂拱二年（686）置，治九陇县（在今四川彭州）。天宝初改为蒙阳郡。乾元元年（758）复为彭州。辖境大概在今四川彭州、都江堰等地。

③马鞍山：南宋祝穆《方舆胜览》载彭州西有九陇山，其五曰走马陇，或即《茶经》所言马鞍山。至德寺：《方舆胜览》载彭州有至德山，寺在山中。棚口：一作"堋口"，堋口茶，唐代已著名，五代毛文锡《茶谱》："彭州有蒲村、堋口、灌口，其园名仙崖、石花等，其茶饼小而布嫩芽如六出花者尤妙。"

④绵州：隋开皇五年（585）改潼州置，治巴西县（在今四川绵阳涪江东岸）。大业三年（607）改为金山郡。唐武德元年（618）改为绵州，天宝元年（742）改为巴西郡。乾元元年（758）复为绵州。辖境大概在今四川罗江上游以东、潼河以西江油、绵阳间的涪江流域。蜀州：唐垂拱二年（686）析益州置，治晋原县（在今四川崇州）。天宝初改为唐安郡。乾元初复为蜀州。辖境大概在今四川崇州、新津等地。蜀州名茶有雀舌、鸟嘴、麦颗、片甲、蝉翼，都是散茶中的上品。

⑤龙安县：唐武德三年（620）置，属绵州。在今四川安县。天宝初属巴西郡，乾元以后属绵州。以县

北有龙安山为名。五代毛文锡《茶谱》:“龙安有骑火茶，最上，言不在火前、不在火后作也。清明改火。故曰骑火。”松岭关：唐杜佑《通典》记其在龙安县“西北七十里”。唐初设关，开元十八年（730）废。松岭关在绵、茂、龙三州边界，是川中入茂汶、松潘的要道。唐时有茶川水，是因产茶为名，源出松岭南，至安县与龙安水合。

⑥西昌：唐永淳元年（682）改益昌县置，属绵州，治所在今四川安县东南。天宝初属巴西郡，乾元以后属绵州。北宋熙宁五年（1072）并入龙安县。昌明：唐先天元年（712）因避讳改昌隆县置，属绵州，治所在今四川江油。天宝初属巴西郡，乾元以后复属绵州。地产茶，唐白居易《春尽日》:“渴尝一碗绿昌明。”唐李肇《唐国史补》载名茶有“昌明兽目”，并说昌明茶已于780年以前运往吐蕃。神泉县：隋开皇六年（586）改西充国县置，以县西有泉十四穴，平地涌出，治病神效，称为神泉，并以名县。唐因之，属绵州，治所在今四川安县南。天宝初属巴西郡，乾元以后复属绵州。元代并入安州。地产茶，唐李肇《唐国史补》:“东川有神泉小团、昌明兽目。”西山：山名。在神泉境内。

⑦青城县：唐开元十八年（730）改清城县置，属蜀州，治所在今四川都江堰东南，因境内有著名的青城山为名。丈人山：青城山有三十六峰，丈人峰是主峰。

⑧邛州：南朝梁始置，隋废，唐武德元年（618）复置，初治依政县，显庆二年（657）移治临邛县（在今四川邛崃）。天宝初改为临邛郡，乾元初复为邛州。辖境大概在今四川邛崃、大邑、蒲江等地。地产茶，五代毛文锡《茶谱》载："邛州之临邛、临溪、思安、火井，有早春、火前、火后、嫩绿等上、中、下茶。"

⑨雅州：隋仁寿四年（604）始置，大业三年（607）改为临邛郡。唐武德元年（618）复改雅州，治严道县（在今四川雅安西），辖境大概在今四川雅安地区。天宝初改为卢山郡，乾元初复为雅州。开元中置都督府。地产茶，《新唐书·地理志》载土贡茶。《元和郡县志》载："蒙山在（严道）县南十里，今每岁贡茶，为蜀之最。"所产蒙顶茶与顾渚紫笋茶是唐代最著名的茶。唐杨晔《膳夫经手录》说："元和以前，束帛不能易一斤先春蒙顶。"唐裴汶《茶述》把蒙顶茶列为全国第一流贡茶之一。蒙山是邛崃山脉的尾脊，有五峰，在名山西。泸州：南朝梁大同中置，隋改为泸川郡。唐武德元年（618）复为泸州，治泸川县（在今四川泸州）。天宝初改泸川郡，乾元初复为泸州。辖境大概在今四川沱江下游及长宁河、永宁河、赤水河流域。

⑩百丈山：在名山东北六十里。唐武德元年（618）置百丈镇，贞观八年（634）升为县。名山：又名蒙山、鸡栋山，《元和郡县志》载：名山在名山县西北

十里，县以此名。百丈山、名山皆产茶，五代毛文锡《茶谱》言“雅州百丈、名山二者尤佳”。

⑪眉州：西魏始置，隋废。唐武德二年（619）复置，治通义县（在今四川眉山）。天宝初改为通义郡，乾元初复为眉州。辖境大概在今四川眉山地区。地产茶，五代毛文锡《茶谱》言其饼茶如蒙顶制法，而散茶叶大而黄，味颇甘苦。汉州：唐垂拱二年（686）分益州置，治雒县（在今四川广汉）。辖境大概在今四川广汉、德阳、金堂等地区。天宝初改德阳郡，乾元初复为汉州。

⑫丹棱县：隋开皇十三年（593）改洪雅县置，属嘉州，唐武德二年（619）属眉州，治所在今四川丹棱。铁山：即铁桶山，在丹棱东南四十里。

⑬绵竹县：隋大业二年（606）改孝水县为绵竹县（在今四川绵竹）。唐武德三年（620）属蒙州，蒙州废，改属汉州。竹山：应为绵竹山，又名紫岩山、武都山。

【译文】

剑南，以彭州所产的茶为最好，九陇县马鞍山、至德寺、棚口所产茶，与襄州茶同。绵州、蜀州所产茶为次好，绵州龙安县松岭关所产茶，与荆州茶同；而西昌、昌明、神泉县西山所产茶一样的好，过了松岭的茶就不值得采制了。蜀州青城县丈人山所产茶，与绵州茶同。青城县有散茶、木茶。邛州产茶次好，雅州、泸州所产茶差些，雅州百丈山、名山所产茶，泸州泸川所产茶，与金州茶同。眉州、汉州所产茶又差一些。眉州丹棱县铁山所产茶，汉州绵竹县竹山所产茶，与润州茶同。

浙东[①]**，以越州上，**余姚县生瀑布泉岭曰仙茗[②]，大者殊异，小者与襄州同。**明州、婺州次**[③]，明州鄮县生榆筴村，婺州东阳县东白山与荆州同[④]。**台州下**[⑤]。台州始丰县生赤城者[⑥]，与歙州同。

【注释】

①浙东：唐代浙江东道节度使方镇的简称。乾元元年（758）置，治所在越州（在今浙江绍兴），长期领有越、衢、婺、温、台、明、处七州，辖境大概在今浙江省衢江流域、浦阳江流域以东地区。

②瀑布泉岭：在余姚，与《茶经·四之器》“瓢”条下台州瀑布山非一。

③明州：唐开元二十六年（738）分越州置，治鄮县（在今浙江宁波）。唐李吉甫《元和郡县志》：“以境内四明山为名。”辖境大概在今浙江宁波地区和舟山群岛。天宝初改为余姚郡，乾元初复为明州。

④东阳县：唐垂拱二年（686）析义乌县置，属婺州，治所在今浙江东阳。东白山：《明一统志》记其“在东阳县东北八十里……西有西白山对焉”。东白山产茶，唐李肇《唐国史补》载“婺州有东白”名茶。

⑤台州：唐武德五年（622）改海州置，治临海县（在今浙江临海）。以境内天台山为名。辖境大概在今浙江台州地区。天宝初改临海郡，乾元初复为台州。

⑥始丰县：西晋始置，隋废。唐武德四年（621）复

置，八年又废。贞观八年（634）再置，属台州，治所在今浙江天台。以临始丰水为名。直至肃宗上元二年（761）始改称唐兴县。赤城：赤城山，在今浙江天台西北六里。孔灵符《会稽记》："赤城山，土色皆赤，岩岫连沓，状似云霞。"

【译文】

浙东，以越州所产的茶为最好，余姚县瀑布泉岭茶称为仙茗，大叶茶非常特殊，小叶茶与襄州茶同。明州、婺州所产茶为次好，明州鄮县榆筴村所产茶，婺州东阳县东白山所产茶，与荆州茶同。台州所产茶差些。台州始丰县赤城山所产的茶，与歙州茶同。

黔中[1]，生思州、播州、费州、夷州[2]。

【注释】

①黔中：唐开元间十五道之一，唐开元二十一年（733）分江南道西部置。采访使驻黔州（在今重庆彭水）。大致辖今四川大部和贵州大部。

②思州：黔中道属州，唐贞观四年（630）改务州置，天宝初改宁夷郡，乾元初复为思州。治务川县（在今贵州沿河东）。辖境大概在今贵州沿河、务川、印江和重庆酉阳等地。播州：黔中道属州，唐贞观十三年（639）置，治恭水县（在今贵州遵义），以其地有播川为名。辖境大概在今贵州遵义。费州：黔中道属州，北周始置，唐贞观十一年（637）时治

涪川县（在今贵州思南）。天宝初改为涪川郡，乾元初复为费州。辖境大概在今贵州德江、思南等地。夷州：黔中道属州，唐武德四年（621）置，治绥阳（在今贵州凤冈）。贞观元年（627）废，四年复置。辖境大概在今贵州凤冈、绥阳、湄潭等地。

【译文】

黔中，出产于思州、播州、费州、夷州。

江南①，生鄂州、袁州、吉州②。

【注释】

①江南：最初指江南道，唐贞观十道之一，因在长江之南而名。其辖境大概在今浙江、福建、江西、湖南等省，江苏、安徽的长江以南地区，以及湖北、重庆长江以南一部分和贵州东北部地区。玄宗开元二十一年（733），分江南道为江南东道、江南西道和黔中道。肃宗乾元元年（758），析江南东道置浙江东道、浙江西道两节度使方镇，此后唐代江南一般是指改设观察使的江南西道。江南西道治洪州（在今江西南昌），辖地为今江西（婺源除外）全部，安徽宣城（绩溪除外）、芜湖、马鞍山、铜陵、池州，湖北鄂州，湖南岳阳、长沙、衡阳、永州、郴州、邵阳和广东连州。

②鄂州：隋始置，后改江夏郡。唐武德四年（621）复为鄂州，治江夏县（在今湖北武汉）。天宝初改为

江夏郡，乾元初复为鄂州。辖境大概在今湖北蒲圻以东，阳新以西，武汉长江以南，幕阜山以北地。地产茶，唐杨晔《膳夫经手录》说，鄂州茶与蕲州茶、至德茶产量很大，销往河南、河北、山西等地，茶税倍于浮梁。袁州：隋始置，后改宜春郡。唐武德四年（621）复改袁州，因袁山为名，治宜春（在今江西宜春）。天宝初改为宜春郡，乾元初复为袁州。辖境大概在今江西萍乡和新余以西的袁水流域。地产茶，五代毛文锡《茶谱》："袁州之界桥（茶），其名甚著。"吉州：唐武德五年（622）改隋庐陵郡置，治庐陵（在今江西吉安）。天宝初改为庐陵郡，乾元初复为吉州。辖境大概在今江西新干、泰和间的赣江流域及安福、永新等地。

【译文】

江南，出产于鄂州、袁州、吉州。

岭南[①]，生福州、建州、韶州、象州[②]。福州生闽县方山之阴也[③]。

【注释】

①岭南：岭南道，唐贞观十道、开元十五道之一，因在五岭之南得名，采访使驻南海郡番禺（在今广州）。辖境大概在今广东、广西、海南三省区、云南南盘江以南及越南的北部地区。

②福州：唐开元十三年（725）改闽州置，因州西北福

山为名，治闽县（在今福建福州）。天宝元年（742）改称长乐郡，乾元元年（758）复称福州。辖境大概在今福建尤溪北尤溪口以东的闽江流域和古田、屏南、福安、福鼎等地以东地区。《新唐书·地理志》载其土贡茶。建州：唐武德四年（621）置，治建安县（在今福建建瓯）。天宝初改建安郡。乾元初复为建州。辖境大概在今福建南平以上的闽江流域（沙溪中上游除外）。地产茶，北宋张舜民《画墁录》："贞元中，常衮为建州刺史，始蒸焙而碾之，谓研膏茶。"延至唐末，建州北苑茶最为著名，成为五代南唐和北宋的主要贡茶。韶州：隋始置又废，唐贞观元年（627）复改东衡州，取州北韶石为名，治曲江县（在今广东韶关）。天宝初改称始兴郡。乾元初复为韶州。辖境大概在今广东曲江、翁源、乳源以北地区。象州：隋始置又废，唐武德四年（621）复置，治今广西象州。天宝初改象山郡。乾元初复为象州。辖境大概在今广西象州、武宣等地。

③闽县：隋开皇十二年（592）改原丰县置，初为泉州、闽州治，开元十三年（725）改为福州治。天宝初为长乐郡治，乾元初复为福州治。方山：在福州闽县，周回一百里，山顶方平，因号方山。方山产茶，唐李肇《唐国史补》载"福州有方山之露芽"。

【译文】

岭南，出产于福州、建州、韶州、象州。福州茶出产于闽县方山的北面。

其思、播、费、夷、鄂、袁、吉、福、建、韶、象十一州未详，往往得之，其味极佳。

【译文】

对于上述思、播、费、夷、鄂、袁、吉、福、建、韶、象这十一州所产的茶，具体情况还不大清楚，常常能够得到一些，品尝一下，觉得味道非常之好。

九之略

本章列举在野寺山园、瞰泉临涧诸种饮茶环境下，种种可以省略不用的制茶、煮饮茶用具，特别体现了陆羽的林泉之志。

《九之略》最为典型地表达了陆羽身为闲云野鹤的隐士，却时时心系高远庙堂，这种貌似矛盾、实际统一的中国古代文人的一种典型心态。作为山泽草民，陆羽在《茶经》中所提出的饮茶规范，是指向那些身处庙堂的人们的。但陆羽显然始终未能忘怀自己隐逸之士的山人、处士本质，所以在本章中，为那些和他一样优游林下、泛舟江湖、林栖谷隐的人们，提出了在山林野外各种环境下，种种可以省略的器具。

从本质上来说，陆羽有着山林隐逸之士追求自由之心，正是这种追求让他在年少时毅然决然逃离龙盖寺，也让他两次未赴唐廷的征召去做太子文学或太常寺太祝，也让他在专门讲求饮茶规范的《茶经》中，专列一章讲述种种情况下可以省略的器具，因为在放松自由的山林里，器具足用即可。

然而，在本章的最后，为了避免读者因《九之略》误解写作《茶经》的济世思想，产生疑惑，陆羽以“但城邑之中，王公之门，二十四器阙一，则茶废矣”，这样缺一不可的句子，结束了讲述关于省略器具的篇章，说只有完整使用全套茶具，体味其中存在的思想轨范，茶道才能存而不废。强烈的对比反差，让人无论对于省略器具、还是二十四组器具缺一不可全都留下了深刻的印象，这或许就是陆羽如此写作的初衷。

其造具，若方春禁火之时[1]，于野寺山园，丛手而掇[2]，乃蒸，乃舂，乃拍，以火干之，则又棨、扑、焙、贯、棚、穿、育等七事皆废[3]。

【注释】

①方：表示某种状态正在持续或某种动作正在进行，犹正。禁火：即寒食节，清明节前一日或二日，旧俗以寒食节禁火冷食。

②丛手而掇：聚众手一起采摘茶叶。

③又：当为衍字。

【译文】

关于造茶工具，如果正当春季清明前后寒食禁火之时，在野外寺庙或山间茶园，大家一齐动手采摘，当即就地蒸茶，舂捣，用火烘烤干，那么，棨、扑、焙、贯、棚、穿、育等七种制茶工具都可以省略。

其煮器，若松间石上可坐，则具列废。用槁薪、鼎𨱔之属，则风炉、灰承、炭檛、火筴、交床等废。若瞰泉临涧，则水方、涤方、漉水囊废。若五人已下，茶可末而精者[1]，则罗合废。若援藟跻岩[2]，引絙入洞[3]，于山口炙而末之，或纸包合贮，则碾、拂末等废。既瓢、碗、竹筴、札、熟盂、鹾簋悉以一筥盛之，则都篮废。

【注释】

①茶可末而精者：茶可以研磨得比较精细。

②藟（lěi）：藤。跻：攀登，达到。

③絙（gēng）：粗绳。

【译文】

关于煮茶器具，如果在松林之间，有石可以放置茶具，那么具列可以不用。如果用干柴枯叶及鼎锧之类的锅来烧水，那么风炉、灰承、炭楇、火筴、交床等器具都可以弃置不用。若是在泉旁溪边煮茶，水方、涤方、漉水囊也可以省略。如果只有五个以下的人喝茶，茶又可碾成细末，就不必用罗合了。如果攀附藤蔓登上山岩，或拉着粗绳进入山洞，先在山口把茶烤好研细，或用纸包或盒子装好，那么，碾、拂末也可以不用。如果瓢、碗、竹筴、札、熟盂、鹾簋都可以盛放在一只竹筥中，那么都篮也可以省去。

但城邑之中，王公之门，二十四器阙一，则茶废矣。

【译文】

但是，在城市之中，王公贵族之家，二十四种煮茶器具如果缺少一样，就算不上是真正的饮茶了。茶道就不存在了。

十之图

本章在正文之中要求将全书内容图写张挂，以使其内容目击而存、烂熟于胸，这样在制茶饮茶时便能得心应手，得饮茶之精髓。这样的要求很罕见，表明了陆羽对《茶经》的自信与期待。

以绢素或四幅或六幅[①]，分布写之，陈诸座隅[②]，则茶之源、之具、之造、之器、之煮、之饮、之事、之出、之略目击而存，于是《茶经》之始终备焉。

【注释】

①以绢素或四幅或六幅：此处的图写张挂，不是专门有图。《四库总目提要》：“其曰图者，乃谓统上九类写绢素张之，非别有图，其类十，其文实九也。”绢素，素色丝绢。幅，按唐令规定，绸织物一幅是一尺八寸。

②座隅（yú）：座位的旁边。隅，角，角落。

【译文】

用四幅或六幅素色丝绢，把上述内容全部抄写出来，张挂在座位旁边。这样，茶的起源、采制工具、制茶方法、煮饮器具、煮饮方法、茶事历史、产地以及茶具省略方法等内容，就可以随时看到，这样，《茶经》所有内容就真正完备了。

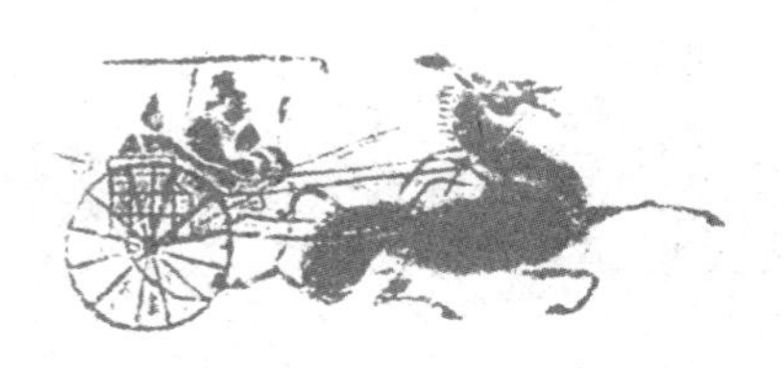

随园食单

前　言

《随园食单》是中国古代一部重要的饮食文化著作。作者袁枚（1716—1797），字子才，号简斋，又号随园老人，今浙江杭州人氏。袁枚是清代著名的散文家和诗人，也是著名的美食大师。他于乾隆四年（1739）中进士，选庶吉士。曾外放江南地区任县令，先后于江苏溧水、江浦、沭阳、江宁任县令七年。为官正直勤政，颇有名声，奈仕途不顺，无意吏禄，于乾隆十四年（1749）辞官隐居于南京小仓山随园。从此广交宾朋，云游四野，对酒当歌，论文赋诗，成为当时著名的雅士、风流才子。袁氏一生著述甚丰，有《小仓山房诗文集》、《随园诗话》、《随园随笔》、《子不语》、《小仓山房尺牍》等作品传世。袁氏生于盛世，时上流社会生活奢华，对口腹之欲趋之若鹜。在当时饮食文化随盛世而辉煌的历史条件下，袁氏继承传统，博采百家，孜孜不倦，以食为学，创新发展，积数十年体验美食之功，写出了一部具有划时代意义的饮食文化大作《随园食单》。这是清代饮食文化理论与实践相结合的历史产物，为后人留下了宝贵的饮食文化遗产，至今仍具有重要的借鉴意义。

第一，这是一部中国饮食文化的百科全书。

袁氏《随园食单》内容丰富，包罗万象。

全书分为须知单、戒单、海鲜单、江鲜单、特牲单、杂牲单、羽族单、水族有鳞单、水族无鳞单、杂素菜单、小菜单、点心单、饭粥单、茶酒单十四个部分，详细论述了中国14至18世纪中叶流行的三百多种菜式。在食物原料方面，常见的谷物瓜蔬、家禽野味、飞鸟鱼类等，样样齐备。在烹调技巧方面，焖、煎、煸、炒、蒸、炸、炖、煮、腌、酱、卤、醉等制作方式，面面俱到。在菜式的特点方面，主要介绍了江浙地区为主的菜肴饭点，以及美酒名菜；但并不局限一隅，也介绍了京菜、粤菜、徽菜、鲁菜等地方菜式，南北兼有。一些历史上的地方名菜，也通过袁氏书中的记载，得到传承发扬，成为当地流行的名食美食。在饮食菜式的层次方面，本书也是不拘一格。既有如阳春白雪的山珍海味，也有像下里巴人的粗茶淡饭，高低不论，全面记述。所记载的菜式中，包罗万象：宫廷菜，有"王太守八宝豆腐"，原是康熙时代宫廷御膳房的菜式；官府菜，有尹文端公家的蜜火腿，杨兰坡府中所制肉圆，扬州朱分司家的红烧鳗鱼等；寺院菜，书中对江浙等地的寺院菜式作了一定的介绍；民间菜，主要是特点各不相同的厨师所烹制的各类家常菜式；民族菜，有满族的白片肉；街市菜，主要是江浙地区城镇店铺经营的各种菜肴小食等。《随园食单》一书，为后人留下了反映清代饮食文化兴盛发展的宝贵历史文献。

第二，这是一部中国饮食文化的形象之书。

袁氏《随园食单》一书，分类编写细致严谨，语言生动形象。

袁枚的食物食品分类较为细腻，如江海鱼类就划分为海鲜单、江鲜单、水族有鳞单、水族无鳞单四类。将江海鱼类水产品，按照各自形态特点、生长特点、饮食制作特点进行总结分类。又如将猪肉食品作《特牲单》专门介绍，而将牛、羊、鹿等作《杂牲单》介绍。实际上这也是按照中国古代南北地区的重要肉类产品进行的划分。江南地区，以猪肉为主，具有农耕文化特色，体现了南方地区肉类生产与饮食风格。而牛、羊、鹿则是北方及中原地区主要的肉类，具有游牧文化的特色，体现了北方地区肉类生产与饮食风格。而鸡、鸭、鹅等则归编在《羽族单》中。又如《杂素菜单》所介绍的蔬瓜豆品，以腌酱酸干为多，作为辅助小食配菜，以冷食为主。袁枚根据食物在饮食生活中所担任的不同角色，分门别类，各有侧重，各有特色。类似的食单分类并非尽善尽美，但至少为饮食风格特色的体现提供了重要的参考，别具一格，自成一派。袁氏本书中对食单食谱，能够尽可能详细地进行解读。对饮食制作过程中原料的处理、原料的分类、菜肴的搭配调味、烹调制作的流程及注意事项都有尽可能多的阐述。不少食谱的编写，详略得当，条理清晰，不仅是对当时饮食制作经验的总结，而且也利于时人或后人掌握与实践，具有较强的实用性与可操作性。

袁氏语言生动活泼，旁征博引，既有故事性的记述，也有随笔性的论证，其可读性较强。书中的语言描写，通俗易懂，令人读之不忍释手。袁氏通过生动的语言，给呆板的食单食谱，注入了形象的表述特色，令人耳目一新。

第三，这是一部中国饮食文化的理论之书。

袁氏《随园食单》一书，也为中国饮食文化的发展在思想文化价值上作了更多理论与实践的探讨，表现了袁氏饮食文化思想与观念的传承创新特色。本书开章两篇《须知单》与《戒单》，着重在饮食文化理论上进行一系列的探讨。作者对包括饮食烹调理论、饮食文明卫生、饮食烹调技术原则等在内的多方面进行论述，以进一步揭示饮食文化发展的方向性与规律性，这反映了袁氏本人不仅将饮食烹调看作一门聊以果腹，满足物质生活需要的工艺技艺，而且还把饮食当作一门学问进行研究，以满足社会精神文明生活的需要，从而提高了饮食文化的理论层次。

饮食烹调必须重视食物原料的选择。《须知单》中指出：“大抵一席佳肴，司厨之功居其六，买办之功居其四。”说明了食物原料的选择对于烹制美味佳肴所具有的重要性。因为同一种食物原料，由于品种不同，或时令季节不合适，会导致同样的食物原料在质量上有很大差别。所以食物原料的选择，要因地而选，因时而选，择优而选，而且还应根据不同的烹制要求，选取不同的品类或部位。如书中提到蒸鸡要用雏鸡，煨鸡要用骟鸡，取鸡汁要用老鸡等，都具有一定的饮食科学道理。不仅主料选用力求优质，类似葱、椒、油、盐、醋等调味品，也主张务求上品。

饮食烹调，必须讲究食肴的色香味美。饮食烹调不仅仅是为了满足口腹之欲，更重要的是为了追求具有高尚饮食情调与意趣的文化艺术享受。

食肴的色香味美，是饮食享受的重要内容。色彩是美感的来源，是美食烹调中必不可少的重要一环。同时，人是具有嗅觉的，进食前感受到食肴之香气，对于提振食欲十分重要。袁氏重视菜肴的色香制作，但是主张原色原香，反对过分通过外加物料而获得食肴色香。食肴美味也是烹调中的关键。食品菜肴，不论色形如何欠佳，但决不能寡而无味，袁氏也深谙此道。他主张本味为美。他认为："一物有一物之味，不可混而同之……善治菜者，须多设锅、灶、盂、钵之类，使一物各献一性，一碗各成一味。"而且还强调味道适中为美味。所以"名手调羹，咸淡合宜"，说明了烹调美食，必须色香味全面适中，自然为上。

烹调美味佳肴，是一个系统工程。袁氏认为要想提高饮食烹调的水平，一方面，必须有良好的饮食卫生条件与饮食卫生环境。包括食物原料的清洗清洁，厨房的卫生环境，厨师的卫生习惯和职业道德等，都是美食烹饪的重要前提，不可忽视。另一方面，必须在饮食烹调的过程中，掌握好火候的调控。"熟物之法，最重火候"。根据不同食物原料特性和菜肴的加工方式，袁氏认为可以把火候分为武火与文火，即日常饮食生活中的大火、旺火与小火、慢火。"司厨者，能知火候而谨伺之，则几于道矣"。所以烹调中的火候调控，对于烹调的成败起着重要的作用，也是制作美味佳肴的重要保证。

美食的制作，关键还在于饮食者的享受。如何更好地享受美食，袁氏本书也有独到创新之论。袁氏赞同传统“美食不如美器”的观点。他在主张食器雅丽的同时，也认为适中为好，不必过分奢华。袁氏还对上菜次序对于食肴美味享受的关系提出自己的看法。现在看来，袁氏这一新观点符合饮食科学文化道理。其谓:“上菜之法，盐者宜先，淡者宜后；浓者宜先，薄者宜后；无汤者宜先，有汤者宜后。且天下原有五味，不可以咸之一味概之。度客食饱，则脾困矣，须用辛辣以振动之；虑客酒多，则胃疲矣，须用酸甘以提醒之。”通过上菜次序的调整，令食肴味型转换，提高食欲，保持对美食享受的兴致。

最后是饮食有道，即培养饮食者对于饮食文化的正确态度与良好的价值取向，扬弃饮食生活中的不良嗜好与倾向。袁氏为此特设《戒单》篇，对于饮食生活中的普遍弊端作出抨击。如戒外加油、戒穿凿、戒暴殄、戒走油、戒落套、戒混浊、戒苟且。还对饮食生活中追求排场、奢侈浪费的不良现象提出了严厉的批评。如戒耳餐，“耳餐者，务名之谓也”。又戒目食，“目食者，贪多之谓也”。又戒纵酒，“所谓惟酒是务，焉知其余，而治味之道扫地矣”。类似的饮食恶习，均非饮食之道，不仅不能真正享受佳肴美味，而且也造成了饮食浪费，损害了人类生活文明与健康。所以饮食有道，就是食之有味，食之有节，食之有心，食之有理，如此方能真正体验中国饮食文化的精华。袁氏之论，在今天仍不失其意义。

本书以清嘉庆年间的随园藏板为底本，并参考了其他较为通行的版本，以点校、注释、翻译、点评等形式进行了整理。希望读者通过阅读此书对中国传统文化有更多的了解与认识。限于笔者的知识和水平，本书的写作，或有不妥之处，恳请读者批评指正。

暨南大学历史系　陈伟明

2016 年 2 月

序

诗人美周公而曰[1]："笾豆有践[2]。"恶凡伯而曰[3]："彼疏斯稗[4]。"古之于饮食也，若是重乎？他若《易》称"鼎烹[5]"。《书》称"盐梅[6]"。《乡党》、《内则》琐琐言之[7]。孟子虽贱饮食之人，而又言饥渴未能得饮食之正。可见凡事须求一是处，都非易言。《中庸》曰[8]："人莫不饮食也，鲜能知味也。"《典论》曰[9]："一世长者知居处[10]，三世长者知服食。"古人进鬐离肺[11]，皆有法焉，未尝苟且。"子与人歌而善[12]，必使反之，而后和之。"圣人于一艺之微，其善取于人也如是。

【注释】

①周公：西周初期著名的政治家，姓姬名旦。曾辅助武王灭商，建立西周王朝。武王死后，继续辅助幼主成王，摄理国政。曾东征平武庚、管叔、蔡叔之乱，制定西周礼乐制度，是历史上的圣贤典范。

②笾（biān）豆有践：为《诗经·豳风·伐柯》篇中之句。笾，古代祭祀及宴会中装盛果品肉脯的竹编食器。豆，古代食器，初以木制，形似高足盘，后多用于祭祀。践，行列有序之状。

③凡伯：周幽王时期的一位大夫。

④彼疏斯稗（bài）：为《诗经·大雅·召旻》篇中之句。疏，粗也，即糙米。稗，通"粺"，精米。

⑤《易》：指《周易》。鼎：为古代炊器，以鼎烹煮食物。

⑥《书》：指《尚书》。盐梅：即用为调料的盐和梅子。

⑦《乡党》：为《论语》中的篇名。《内则》：为《礼记》中的篇名。

⑧《中庸》：为《礼记》中的篇名。

⑨《典论》：三国时期曹丕曾著有《典论》五卷，原书已散佚。这里或指另书，不详。

⑩一世：一代。

⑪鬐（qí）：鱼脊鳍。这里指鱼或鱼翅。离肺：指分割猪牛羊等祭品的肺叶。

⑫子：指孔子。

【译文】

诗人赞美周公，就说："盛满食品的食器，行列整齐地摆放在桌上。"以赞扬周公治国有方。厌恶凡伯之无能，就说："该吃粗粮者，反而吃细粮。"可见古人对于饮食是多么的重视。其他如《周易》谈到烹煮食物，《尚书》说到食盐和梅子的调料调味。《乡党》、《内则》多处提及饮食之事。孟子虽然看不起那些讲究吃喝之人，却又说饥饿之人不可能懂得正常的饮食之味。由此可知，任何事情，都必须有正确的处事准则，并非轻易就能下结论。《中庸》说："人不可能不吃不喝，却很少有人真正理解饮食的滋味。"《典论》也说："一代尊贵者，知道建筑舒适居处；三代尊贵者，才能真正掌握饮食之道。"古人对于进食鱼或鱼翅以及分割动物祭品肺叶一类的事情，均有一定的法则，不曾马虎了事。"孔子与别人唱歌，若别人唱得好，一定请他再唱一遍，然后自己跟着他唱和。"孔圣人对于唱歌技艺这样微小的事情，都能虚心好学，不耻下问，实在难能可贵。

余雅慕此旨[①]，每食于某氏而饱，必使家厨往彼灶觚[②]，执弟子之礼。四十年来，颇集众美。有学就者，有十分中得六七者，有仅得二三者，亦有竟失传者。余都问其方略，集而存之。虽不甚省记，亦载某家某味，以志景行。自觉好学之心，理宜如是。虽死法不足以限生厨，名手作书，亦多出入，未可专求之于故纸[③]。然能率由旧章[④]，终无大谬。临时治具[⑤]，亦易指名。

【注释】

①雅：极，甚。

②灶觚（gū）：灶口平地突出之处。这里指厨房。

③故纸：旧纸，古旧书籍。

④率：遵循沿用。

⑤治具：置办饮食供张之器具。

【译文】

我十分敬仰这种学习精神，每次在别人家品尝到美味佳肴后，我都会让家厨前往拜师学艺。四十年来，广泛搜集各家的烹饪技法。其中有些内容一学就完全掌握，有的只掌握了十分之六七，有的只掌握了十分之二三，也有完全失传的。我都逐一探讨其烹饪之法，汇集保存。虽然有些烹饪之法，不一定记录得很清楚，但也记下出自某家某菜，以此表达个人的仰慕之情。虚心学习，理应如此。当然，旧法陈规束缚不了厨师的灵活技巧，即使名家之作，也未必一定完全正确，所以不能只是专注于在旧书堆中寻找方法。但是能够按照有关书本的知识去实践，一般不会出现较大的过错。在临时备办酒席时，也容易有章可循，搞出名堂。

或曰："人心不同，各如其面。子能必天下之口，皆子之口乎？"曰："执柯以伐柯[①]，其则不远。吾虽不能强天下之口与吾同嗜，而姑且推己及物。则食饮虽微，而吾于忠恕之道，则已尽矣。吾何憾哉？"若夫《说郛》所载饮食之书三十余种[②]，眉公、笠翁[③]，亦有陈言。曾亲试之，皆阏于鼻而蜇于口[④]，大半陋儒附会，吾无取焉。

【注释】

①伐：砍斫。柯：斧柄。

②《说郛》：明人陶宗仪所编的一部丛书，汇集秦汉至宋元名家作品，包括经史传记、百氏杂书、考古博物、山川风土、虫鱼草木、诗词评论、古文奇字、奇闻怪事、问卜星象等内容。为历代私家编集大型丛书中较重要的一种。

③眉公：明代文学家陈继儒，字仲醇，号眉公。著有《眉公全集》。笠翁：清代著名作家李渔，号笠翁。著有《闲情偶寄》等著作。

④阏（è）：阻塞。蜇：刺痛。

【译文】

有人说："人心各异，犹如相貌各不相同，您怎能肯定众人的口味和您一样？"我的回答是："按照有关方法去做，原则上不会有太大的偏差。我虽然不能强求众人之口味与我一致，并不妨碍把我的想法对外推广。饮食事小，但于忠诚宽容之道，我也尽力而为，不觉得有什么遗憾了。"至于《说郛》中所记载的三十多种饮食之书，陈眉公、李笠翁他们也有饮食方面的著述。我曾经试着照本制作，但都是些刺鼻伤口的菜肴。多半是那些孤陋寡闻的书生汇集的一些牵强附会之说，在我书中并未采纳。

须知单

《须知单》可谓全书的总纲，主要讲述有关饮食烹饪的基本原则，从实践中探求饮食文化的有关规律，为饮食烹饪提供理论上的指导，内容十分丰富。

第一，食物原料的选择。

食物原料的优劣对饮食烹调具有重要影响，同一的食物原料，其质量优劣，可能有天渊之别。袁氏书中认为，食物原料采办选购者必须掌握食物原料的选材知识与技巧。

“先天须知”中指出，一方面食物原料与动物生长年限与生理特点有关；另一方面，食物原料的优劣也与动物的生长环境有关。所以食物原料选材上，强调应尽可能选用一些幼嫩动物原料，在活水水体环境中生长的鱼类，肉质优于封闭水体环境中生长的鱼类。类似的提法，都是符合科学道理的饮食烹调之道。所以袁氏认为，要真正炮制出美味佳肴，厨师之烹调技能固然居功至上，而食物原料的选购采办者也是功不可没。

袁氏在“时节须知”中，还指出食物原料的处理及食肴的烹制，必须与时令相配合。他认为不同时令，对动物原料的处理时间不同。不同时令，适宜食用的食物也不同。袁氏对食物原料的粗加工，主要是洗刷加工也作了说明。对一些食物原料的杂质异味的洁净清除提出了具体方法。

第二，调味品的应用与调剂。

调味在饮食烹调中占有重要地位。袁氏书中提出了调味的方法和原则，即必须根据菜肴的要求，从食物原料生熟、荤素、浓淡、清浊等方面选择调味品。对于不同的食物特性，采用不同的调味方法，或单味调剂，或多味调剂，以提高食肴的调味功效。

第三，食物原料的主次搭配。

中国饮食烹调，用料广博，各种食物搭配得当，彼此和合，对于美味佳肴的制作具有重要的意义。袁氏也提出自己的观点。

首先，必须按照食物的质量特色相配，即菜肴的主料与配料，同质而配。其次，不同的食料，具有不同的形质特色，其配菜也不尽相同，或可荤可素，或可荤不可素，或可素不可荤，各有特点，不可混淆。

另外，对于一些味道过于浓烈的食物，袁氏主张单独为肴，不可画蛇添足，横加配搭，以尽其正味所长。此说则见仁见智，也引起现代一些专家的异议。

第四，食物烹饪的色味与火候。

中国烹饪，讲求色香味美，色味主要通过加热或调味，令食物色彩和形态发生变化，以发挥食物熟后色味。袁氏追求食物自然色味，反对刻意粉饰，破坏食物的天然美味。

控制烹饪火候，是中国饮食烹调的重要技法。袁氏总结了前人使用火候的经验，提出了烹饪火候的基本原则。必须根据不同食物原料的质量特性，决定烹调火力的强度以及加热时间的长短。袁氏火候掌握之法则，即火候有度，今天仍具有重要的指导意义。

另外，对于烹调过程中，如何根据食物性质以及烹调的方式，决定食物原料的制作分量与多寡，以及厨具洁净的饮食卫生习惯，也提出了自己的观点。

第五，进食的要求与步骤。

袁氏在“器具须知”与“上菜须知”中，提出了进食的器具与上菜步骤的基本要求与原则。

美食与美器的和合统一，是中国饮食文化的重要特色之一。袁氏强调食器必须精美，而且应与食肴配套，整齐划一。同时，食器还应与食肴原料及烹饪方式相配合。

在上菜步骤方面，袁氏则以咸淡、浓薄、干汤为序，论述了上菜先后以及菜肴味型的变化对人体食欲的影响。

《须知单》通过中国饮食文化相关的经验总结，揭示了中国饮食文化的发展规律，体现了中国饮食美学的原则与特色。

学问之道，先知而后行，饮食亦然。作《须知单》。

【译文】

探求学问的途径，必须首先掌握充分的理论知识，然后通过实践应用检验，饮食烹调的道理也是一样。因此撰写《须知单》。

先天须知

凡物各有先天，如人各有资禀。人性下愚，虽孔、孟教之，无益也。物性不良，虽易牙烹之①，亦无味也。指其大略：猪宜皮薄，不可腥臊；鸡宜骟嫩②，不可老稚；鲫鱼以扁身白肚为佳，乌背者，必崛强于盘中③；鳗鱼以湖溪游泳为贵，江生者，必槎丫其骨节④；谷喂之鸭，其膘肥而白色；壅土之笋⑤，其节少而甘鲜；同一火腿也，而好丑判若天渊；同一台鲞也⑥，而美恶分为冰炭。其他杂物，可以类推。大抵一席佳肴，司厨之功居其六，买办之功居其四。

【注释】

①易牙：或称狄牙，其为雍人，又称雍巫。春秋时期齐桓公的幸臣，擅长烹调，善于逢迎。传说曾烹其子以进桓公。后也多以易牙作为名厨的代名词。

②骟（shàn）：阉割牲畜称为骟。

③崛强（juéjiàng）：僵硬不屈曲。

④槎丫（cháyā）：原指树枝交错零落，此处形容鱼刺纵横杂乱。

⑤雍土：堆积的泥土，这里或指沃土。

⑥台鲞（xiǎng）：特指浙江台州出产的各类鱼干。鲞，鱼干，腌鱼。

【译文】

世上所有事物都有它先天的特性，就像人各有不同的资质本性。一个人若是太过愚笨，就算孔子、孟子再世施教，恐怕也无济于事。同样道理，如果食物原料低劣，即使类似易牙那样的名厨来烹调，也难成美味佳肴。以食物的基本要点来说：猪肉以皮薄为佳，不可有腥臊之味；鸡最好选用肥嫩的阉鸡，不可用老鸡或小鸡；鲫鱼以扁身肚白者为好，乌背黑脊者，骨刺粗突，置于盘中，形态僵硬，食相甚差；鳗鱼也以生在湖泊或溪流中的最好，在江河生长的鳗鱼，骨刺多硬，似杂乱的树杈；用谷物喂养的鸭子，肉质肥白；沃土中生长的竹笋，节少而味美；同为火腿，其优劣有天渊之别；同样来自浙江台州地区的各类鱼干，其质量好坏也可能势同冰炭，相差甚远。其他各种食物原料，也可以如此类推。大体而言，一席佳肴，厨师烹调之功居六成，而选购食物的采办人，则功居四成。

作料须知

厨者之作料，如妇人之衣服首饰也。虽有天姿，虽善涂抹，而敝衣蓝褛①，西子亦难以为容②。

善烹调者，酱用伏酱[③]，先尝甘否；油用香油，须审生熟；酒用酒酿，应去糟粕；醋用米醋，须求清冽[④]。且酱有清浓之分，油有荤素之别，酒有酸甜之异，醋有陈新之殊，不可丝毫错误。其他葱、椒、姜、桂、糖、盐，虽用之不多，而俱宜选择上品。苏州店卖秋油[⑤]，有上、中、下三等。镇江醋颜色虽佳，味不甚酸，失醋之本旨矣。以板浦醋为第一[⑥]，浦口醋次之[⑦]。

【注释】

①蓝褛（lǚ）：衣服破烂。

②西子：春秋末期越国美女西施，后作为中国古代美女的典范。

③伏酱：指在三伏天所制作的酱及酱油，因天热发酵较为充分，其质量最佳。

④冽（liè）：清醇。

⑤秋油：酱油发酵，日晒三伏，晴则夜露，至深秋所获第一批头油，质量最好，又名母油。

⑥板浦：在今江苏连云港板浦。板浦建于隋末唐初，自隋唐以来，一直是古海州所辖的经济繁华、文化发达的文明古镇。板浦饮食文化历史悠久，颇具特色。其中以“汪恕有滴醋”为最佳。此醋用高粱酿制而成，风味独特。乾隆皇帝食此醋后赞不绝口，故有“皇帝老儿尝滴醋，袁大才子写名著”的佳话。

⑦浦口：在今江苏南京浦口。

【译文】

厨师所用的调味品，恰似妇女穿戴的衣服首饰。有的女子虽然貌美如花，也善于涂脂抹粉，然穿着破衣烂衫，即使西施也难以展示她的美色。精于烹调者，用酱当用夏日三伏天制作的酱或酱油，并要先品尝味道是否甜美；油要芝麻香油，还需识别是生油还是熟油；酒则要用发酵酿制酒，还须滤去酒糟；醋用米醋，要用清醇不浑之醋。而且酱有清浓之分，油有荤素之别，酒有酸甜不同，醋有陈新之异，使用时不能有丝毫差错。其他如葱、椒、姜、桂皮、糖、盐，虽使用得不多，也都应尽量选择上品。苏州酱店所卖的秋油，有上、中、下三等。镇江醋颜色虽好，然酸味不足，失去醋的最重要特色。醋以板浦醋最好，浦口醋次之。

洗刷须知

洗刷之法，燕窝去毛，海参去泥，鱼翅去沙，鹿筋去臊。肉有筋瓣，剔之则酥；鸭有肾臊，削之则净；鱼有胆破，而全盘皆苦；鳗涎存，而满碗多腥；韭删叶而白存，菜弃边而心出。《内则》曰："鱼去乙，鳖去丑[①]。"此之谓也。谚云："若要鱼好吃，洗得白筋出。"亦此之谓也。

【注释】

①乙：鱼的颊骨，也有一说为鱼肠。丑：动物的肛门。

【译文】

食物原料的洗刷要讲究方法，燕窝要清除残存的毛絮，海参要冲洗附着的泥土，鱼翅要刷去粘留的沙子，鹿筋要去除腥臊味。猪肉中的筋瓣要剔净，烹调时才能酥脆；鸭肾臊味浓厚，必须削除净味；烹调鱼品，鱼胆一破，全盘皆苦；鳗鱼的粘液不洗干净，满碗皆腥；韭菜去掉叶子只留白茎，白菜去掉边缘只留菜心。《礼记·内则》说："鱼去颊骨，鳖去肛门。"说的就是食物原料的洗刷方法。谚语说："如果要鱼好吃，就要洗得白筋出。"讲的也是这个道理。

调剂须知

调剂之法，相物而施。有酒、水兼用者，有专用酒不用水者，有专用水不用酒者；有盐、酱并用者，有专用清酱不用盐者，有用盐不用酱者；有物太腻，要用油先炙者；有气太腥，要用醋先喷者；有取鲜必用冰糖者；有以干燥为贵者，使其味入于内，煎炒之物是也；有以汤多为贵者，使其味溢于外，清浮之物是也。

【译文】

食物调剂的方法，因菜而定。有的菜式，酒、水一齐烹煮，有的只用酒不用水，有的只用水不用酒；有的菜式，盐与酱共用，有的则专用清酱而不用盐，有的则只用盐不用酱；有的食物太过油腻，必先用油煎炸；有的食物腥味重，必先用醋喷洒除腥；有的食物需要取鲜，必用冰糖调和；有的食物，最好是干烧，能让食味更为浓郁，煎炒的菜式就是这个道理；有的菜式以汤多为好，能使其味散发于外，多是那些清爽而又易浮于汤面上的食物。

配搭须知

谚曰："相女配夫。"《记》曰[①]："儗人必于其伦[②]。"烹调之法，何以异焉？凡一物烹成，必需辅佐。要使清者配清，浓者配浓，柔者配柔，刚者配刚，方有和合之妙。其中可荤可素者，蘑菇、鲜笋、冬瓜是也。可荤不可素者，葱、韭、茴香、新蒜是也。可素不可荤者，芹菜、百合、刀豆是也。常见人置蟹粉于燕窝之中，放百合于鸡、猪之肉，毋乃唐尧与苏峻对坐[③]，不太悖乎？亦有交互见功者，炒荤菜，用素油，炒素菜，用荤油是也。

【注释】

①《记》：即《礼记》。《礼记》是中国古代一部重要的典章制度书籍。在唐代被列为九经之一，到宋代被列入十三经之中，成为士人必读之书。

②儗（nǐ）：比拟。伦：同辈，同类。

③唐尧：传说中的古帝王，号陶唐氏，传位于舜。苏峻：西晋末年的著名将领。《晋书》有传。

【译文】

俗话说："什么样的女子配什么样的丈夫。"《礼记》也说："判定一个人，必须与他同类的人做比较。"烹调的方法，不也是一样的道理吗？凡是一道菜肴的烹制，必须有辅料搭配。清淡菜肴，配清淡配料；浓烈菜式，配浓烈配料；菜肴柔软，配料也要柔软；菜式刚硬，配料也要刚硬，才能烹调出和美佳肴。其中有些食料，既可配荤，也可配素，如蘑菇、鲜笋、冬瓜。有些食料只可配荤，不可配素，如葱、韭、茴香、新蒜等。有的食料只可配素不可配荤，如芹菜、百合、刀豆。经常看到有人把蟹粉放入燕窝，把百合放入鸡肉、猪肉中，这样的搭配，好比唐尧与苏峻对坐，荒谬透顶。当然也有荤素互用效果良好的，如炒荤菜用素油，炒素菜用荤油。

独用须知

味太浓重者，只宜独用，不可配搭。如李赞皇、张江陵一流[①]，须专用之，方尽其才。食物中，鳗也，鳖也，蟹也，鲥鱼也，牛羊也，皆宜独食，不可加搭配。何也？此数物者味甚厚，力量甚大，而流弊亦甚多，用五味调和，全力治之，方能取其长而去其弊。何暇舍其本题，别生枝节哉？金陵人好以海参配甲鱼[②]，鱼翅配蟹粉，我见辄攒眉。觉甲鱼、蟹粉之味，海参、鱼翅分之而不足；海参、鱼翅之弊，甲鱼、蟹粉染之而有余。

【注释】

①李赞皇：即唐宪宗时宰相李绛，字深之，河北赞皇人。直言敢谏，无所迁就。新、旧《唐书》有传。张江陵：即张居正，明万历时期首辅，字叔大，号

太岳，湖北江陵人，任内锐意改革，勇于任事。《明史》有传。

②金陵：在今南京。

【译文】

味道过于浓烈的食物，只能单独使用，不可与他物搭配。正如李绛、张居正一类性格刚烈的人物，单独使用，才能充分发挥他们的才干。食物中如鳗鱼、鳖、蟹、鲥鱼、牛羊等，都应单独为肴，不可另加搭配。为什么呢？因为这些食物味重浓厚，足可独成一肴。其缺点也不少，需要以五味调和，精心制作，方能得其美味，去其不正之味。哪里还顾得上舍弃其本味特点而节外生枝。金陵人喜欢以海参配甲鱼，鱼翅配蟹粉，我见了不禁眉头紧皱。甲鱼、蟹粉之味，不足以分给海参、鱼翅；而海参、鱼翅之不正之味，却足以污染甲鱼与蟹粉。

火候须知

熟物之法，最重火候。有须武火者，煎炒是也；火弱则物疲矣。有须文火者，煨煮是也；火猛则物枯矣。有先用武火而后用文火者，收汤之物是也；性急则皮焦而里不熟矣。有愈煮愈嫩者，腰子、鸡蛋之类是也。有略煮即不嫩者，鲜鱼、蚶蛤之类是也。肉起迟则红色变黑，鱼起迟则活肉变死。屡开锅盖，则多沫而少香。火熄再烧，则走油而味失。道人以丹成九转为仙[1]，儒家以无过、不及为中。司厨者，能知火候而谨伺之，则几于道矣。鱼临食时，色白如玉，凝而不散者，活肉也；色白如粉，不相胶粘者，死肉也。明明鲜鱼，而使之不鲜，可恨已极。

【注释】

①丹成九转为仙：道家炼丹经过九次提炼，而成仙丹。

【译文】

烹煮之法，最重要的是掌握火候。有的必须用猛火，如煎、炒等；火力不足，菜肴疲沓失色。有的必须用慢火，如煨、煮等；火候太猛，食物枯干形硬。有的菜肴需收汤，先用猛火然后再用慢火；性急就会使皮焦而里面未熟。有些菜肴越煮越嫩，如腰子、鸡蛋一类的食物。有些食物稍煮肉质即变老，如鲜鱼、蚶蛤之类。烹煮肉类，起锅迟了，肉色就会由红变黑；烹煮鱼类，起锅迟了，鱼肉就会由鲜肉变成死肉。烹煮时不断揭开锅盖，菜肴就会泡沫多而香味少。熄火再烧烹，菜肴也会走油失味。道家炼丹，凡九转提炼而成仙丹；儒家以无过、不及为标准。厨师能正确掌握火候且小心掌控，那就基本上掌握了烹调技术。鱼肴上桌时，色白如玉，凝而不散，保持鲜色美味；若鱼肉色白如粉，肉质松散，则似死鱼。明明用鲜鱼烹煮，出品却似死鱼，可恨之极。

色臭须知[1]

目与鼻，口之邻也，亦口之媒介也。嘉肴到目、到鼻，色臭便有不同。或净若秋云，或艳如琥珀，其芬芳之气，亦扑鼻而来，不必齿决之[②]，舌尝之，而后知其妙也。然求色不可用糖炒，求香不可用香料。一涉粉饰，便伤至味。

【注释】

①色臭：颜色与气味。

②决：咬嚼。

【译文】

眼睛和鼻子，既是嘴巴的近邻，也是嘴巴的媒介。佳肴放在眼睛和鼻子前，颜色、气味的感受或有不同。有的净如秋云，有的艳如琥珀。其芬芳气味扑鼻而来，不需齿嚼，不需舌尝，便可知佳肴美妙。但是，要令菜肴颜色美艳，不可用糖炒，追求菜肴美味鲜香，不可用香料。烹调时一旦刻意粉饰，便会破坏食物的美味。

迟速须知

凡人请客，相约于三日之前，自有工夫平章百味[①]。若斗然客至，急需便餐；作客在外，行船落店。此何能取东海之水，救南池之焚乎？必须预备一种急就章之菜[②]，如炒鸡片，炒肉丝，炒虾米豆腐，及糟鱼、茶腿之类[③]，反能因速而见巧者，不可不知。

【注释】

①平章：商量处理。

②急就章：原为汉元帝时黄门令史游编写的一部蒙童识字课本，后借喻为因应付需要而仓促完成的文章或工作。

③茶腿：火腿。

【译文】

凡人请客，往往在三天前约好，自然有时间考虑准备各式各样的菜式。假如客人突然驾到，急需准备便饭；或者作客在外，乘船住店。类似的情况，岂能取东海之水，救南边之远火？必须预先准备一种应急菜式，如炒鸡片、炒肉丝、炒虾米豆腐以及糟鱼、火腿之类。这些能够在短时间制作的精巧菜肴，为厨者，不可不知。

变换须知

一物有一物之味，不可混而同之。犹如圣人设教[①]，因才乐育，不拘一律。所谓君子成人之美也。今见俗厨，动以鸡、鸭、猪、鹅，一汤同滚，遂令千手雷同，味同嚼蜡。吾恐鸡、猪、鹅、鸭有灵，必到枉死城中告状矣[②]。善治菜者，须多设锅、灶、盂、钵之类，使一物各献一性，一碗各成一味。嗜者舌本应接不暇，自觉心花顿开。

【注释】

①设教：施教，执教。

②枉死城：按迷信的说法，那些冤屈而死的人，死后都集中在枉死城。

【译文】

每一样食物都有自己独特的本味，不可混杂同烹。如同圣人施教，总是因人而异，并不拘于一格。正所谓君子成人之美。如今总是看到那些低俗厨师，动不动就把鸡、鸭、猪、鹅一锅同烹。结果是人人所烹之菜味道相同，味如嚼蜡。我想，假如鸡、猪、鹅、鸭有灵魂的话，必然会到枉死城中告状申冤。善于烹调的厨师，必须多备锅、灶、盂、钵之类的器具，以突出各种食物的独特本味，使每道菜肴能各具特色。美食者品尝着层出不穷的美味佳肴，自然心花怒放。

器具须知

古语云：美食不如美器。斯语是也。然宣、成、嘉、万[1]，窑器太贵，颇愁损伤，不如竟用御窑[2]，已觉雅丽。惟是宜碗者碗，宜盘者盘，宜大者大，宜小者小，参错其间，方觉生色。若板板于十碗八盘之说[3]，便嫌笨俗。大抵物贵者器宜大，物贱者器宜小。煎炒宜盘，汤羹宜碗，煎炒宜铁锅，煨煮宜砂罐。

【注释】

①宣、成、嘉、万：指明代宣德、成化、嘉靖、万历四朝。

②竟：从头到尾，全。御窑：生产宫廷用品的瓷窑。

③板：固执，不知变通。

【译文】

古语说：美食不如美器。此话很对。然明代宣德、成化、嘉靖、万历年间所生产的瓷器极为昂贵，人们担心损坏，倒不如全用清朝御窑所生产的器皿，这些瓷器也十分精致清丽。只是该用碗的时候就用碗，该用盘的时候就用盘，该用大器的就用大器，该用小器的就用小器。各式食器参差陈设席上，令美食更为生色。如果呆板地一律以十大碗、八大盘的方式操办，则显得粗鄙俗套。一般珍贵的食物宜用大的食器，普通的食物宜用小的食具。煎炒菜肴以盘盛为好，汤羹一类宜用碗装，煎炒菜式宜用铁锅，煨煮食物宜用砂罐。

上菜须知

上菜之法，盐者宜先，淡者宜后；浓者宜先，薄者宜后；无汤者宜先，有汤者宜后。且天下原有五味，不可以咸之一味概之。度客食饱，则脾困矣，须用辛辣以振动之①；虑客酒多，则胃疲矣，须用酸甘以提醒之②。

【注释】

①振动：刺激。

②提醒：提神醒酒。

【译文】

上菜的方法，味咸的菜先上，清淡的菜后上；浓味的菜先上，味薄的菜后上；无汤的菜先上，有汤的菜后上。

天下之菜肴原有五味，不能单以一个咸味概括。估计客人吃饱了，脾脏累困，需用辛辣之味以刺激食欲；考虑到客人酒喝多了，肠胃疲惫，则用酸甜之味以提神醒酒。

时节须知

夏日长而热，宰杀太早，则肉败矣。冬日短而寒，烹饪稍迟，则物生矣。冬宜食牛羊，移之于夏，非其时也。夏宜食干腊[①]，移之于冬，非其时也。辅佐之物，夏宜用芥末，冬宜用胡椒。当三伏天而得冬腌菜，贱物也，而竟成至宝矣。当秋凉时而得行鞭笋[②]，亦贱物也，而视若珍馐矣[③]。有先时而见好者，三月食鲥鱼是也。有后时而见好者，四月食芋艿是也。其他亦可类推。有过时而不可吃者，萝卜过时则心空，山笋过时则味苦，刀鲚过时则骨硬[④]。所谓四时之序，成功者退，精华已竭，褰裳去之也[⑤]。

【注释】

①干腊：在冬天（多在腊月）加工干制而成的各种肉类食品。

②行鞭笋：竹笋的一种，因其形如鞭，故名。

③珍馐（xiū）：珍贵的食物。

④刀鲚（jì）：一种鱼类，身体侧扁，生活在海洋中，春末夏初到江河中产卵，俗称凤尾鱼。

⑤褰（qiān）裳：撩起衣裳。褰，撩起，用手提起。

【译文】

夏季昼长而热，禽畜宰杀过早，肉类容易变质。冬季昼短而寒，烹调时间稍短，则菜肴不易熟透。冬季适宜食用牛羊肉，若改在夏天食用，则不合时宜。夏天适宜食用干腊食品，若到冬天食用，也不合时节。调味品，夏天宜用芥末，冬天宜用胡椒。冬天腌制的咸菜本是低廉食品，而在夏天食用，或成至宝。行鞭笋也是低廉食物，而在秋凉时节得而烹之，会被人视为珍贵上品。有些事物提前食用，显得更为美味，如三月食鲥鱼。有的推迟食用更好，如四月食芋艿。其他也可类推。有的则过了时节就不合食用，如萝卜过时就会空心，山笋过时则会味苦，刀鲚过时骨头变硬。所以万物生长都有四时之序，旺盛期一过，精华已尽，就失去了其自身的美味。

多寡须知

用贵物宜多，用贱物宜少[①]。煎炒之物多，则火力不透，肉亦不松。故用肉不得过半斤，用鸡、鱼不得过六两[②]。或问：食之不足，如何？曰：俟食毕后另炒可也[③]。以多为贵者，白煮肉，非二十斤以外，则淡而无味。粥亦然，然斗米则汁浆不厚，且须扣水，水多物少，则味亦薄矣。

【注释】

①贵物、贱物：指一菜之中的贵重食料与廉价食料的区别。

②六两：古代十六两为一市斤，六两相当于现在的0.375市斤。

③俟（sì）：等待。

【译文】

一菜之中，贵重食料，用量要多，而廉价食料，用量应少。煎炒的菜式，物料过多，火力不济，肉也难以酥松。因此，一盘菜式，若用肉不得超过半斤，若鸡、鱼用量则不得超过六两。或许有人会问：不够吃怎么办？回答是：等吃完后，另行烹制就是了。有的菜肴，食物原料要多才能烹出美味佳肴。如白煮肉，没有二十斤以上，就会淡而无味。煮粥也是一样，如果不用斗米煮粥，粥浆就难能厚稠。而且用水也要调控，如果水多米少，粥就会味道淡薄。

洁净须知

切葱之刀，不可以切笋；捣椒之臼[①]，不可以捣粉。闻菜有抹布气者，由其布之不洁也；闻菜有砧板气者，由其板之不净也。“工欲善其事，必先利其器[②]。”良厨先多磨刀，多换布，多刮板，多洗手，然后治菜。至于口吸之烟灰，头上之汗汁，灶上之蝇蚁，锅上之烟煤，一玷入菜中[③]，虽绝好烹庖，如西子蒙不洁，人皆掩鼻而过矣。

【注释】

①臼（jiù）：舂米之器，用石头或木制成。

②工欲善其事，必先利其器：语出《论语·卫灵公》，

意谓，工匠想做好他的工作，必首先准备好自己的工具。

③玷（diàn）：玷污，弄脏。

【译文】

切葱之刀，不可用以切笋；捣椒的臼，不可用以捣粉。闻到菜肴中有抹布味，是由于抹布不干净；闻到菜肴中有砧板味，也是由于砧板不干净。“工匠要做好自己的工作，必须首先准备好自己的工具。”一个优秀的厨师，应多磨厨刀，勤换抹布，多刮砧板，勤洗手，然后再烹调菜肴。至于吸进的烟灰，头上的汗水，灶上的苍蝇蚂蚁，锅上的烟煤，一旦玷污了菜肴，即使是经过精心制作的佳品，也如同西施沾上了污秽，人人都会掩鼻而过。

用纤须知

俗名豆粉为纤者，即拉船用纤也，须顾名思义。因治肉者要作团而不能合，要作羹而不能腻，故用粉以牵合之。煎炒之时，虑肉贴锅，必至焦老，故用粉以护持之。此纤义也。能解此义用纤，纤必恰当，否则乱用可笑，但觉一片糊涂。《汉制考》齐呼曲麸为媒[①]，媒即纤矣。

【注释】

①《汉制考》：宋王应麟著，四卷，考究《汉书》、《续汉书》诸志所载汉代制度，仅举大端而细目简略，为随手抄录未成之书。

【译文】

通常把豆粉称为纤，意为拉船要用纤。顾名思义，可以了解豆粉在烹调中的作用。因为肉圆制作不易粘合，汤羹制作不易粘稠，所以都要用豆粉混合牵合。煎炒肉类，若肉等贴锅底，容易焦老，因此用豆粉隔护之。这就是豆粉的用处所在。能理解豆粉作用的厨师，用粉恰到好处。否则，乱用豆粉，一塌糊涂，十分可笑。《汉制考》上把曲麸称为媒，媒即豆粉之意。

选用须知

选用之法，小炒肉用后臀[①]，做肉圆用前夹心[②]，煨肉用硬短勒[③]。炒鱼片用青鱼、季鱼[④]，做鱼松用鲜鱼、鲤鱼[⑤]。蒸鸡用雏鸡，煨鸡用骟鸡，取鸡汁用老鸡；鸡用雌才嫩，鸭用雄才肥；莼菜用头[⑥]，芹韭用根；皆一定之理。余可类推。

【注释】

①后臀：后腿紧靠坐臀的部位。

②夹心：猪肉部位，位于猪肩颈肉的下部，铲子骨上部，连有五根肋骨。此部位的肉质老、筋多，吸收水分较大。适于做肉圆或制馅。

③硬短勒：猪肉部位，位于肋条骨下的板状肉。

④季鱼：即鳜（guì）鱼。

⑤鲜鱼：一种草鱼。

⑥莼（chún）菜：多年生水草，叶子椭圆形，浮在水

面，嫩叶可做汤菜。

【译文】

选用食料的方法，小炒肉用后腿紧靠坐臀的肉，制作肉圆需用前夹心肉，煨肉则用肋骨条下的板状肉。炒鱼片用青鱼、季鱼，做鱼松用鲟鱼、鲤鱼。蒸鸡用雏鸡，煨鸡用阉鸡，提取鸡汁用老母鸡；鸡用雌的鲜嫩，鸭用雄的肥壮；莼菜用它的头端嫩叶，芹菜、韭菜用它的根茎；这些都是一些基本的食料选用方法。其他食料的选用也可以此类推。

疑似须知

味要浓厚，不可油腻；味要清鲜，不可淡薄。此疑似之间，差之毫厘，失之千里。浓厚者，取精多而糟粕去之谓也。若徒贪肥腻，不如专食猪油矣。清鲜者，真味出而俗尘无之谓也。若徒贪淡薄，则不如饮水矣。

【译文】

菜肴味道要浓厚，但不可油腻；或者味道要清鲜，但不可淡薄。能够正确理解与掌握并不容易，稍有偏差，烹调效果差之千里。所谓味道浓厚，是指取精华而去糟粕。如果光是贪图肥腻厚重，倒不如专食猪油。味道清鲜，是指突出食物本味而不沾杂味，如果光是贪图淡薄寡味，倒不如喝清水。

补救须知

名手调羹，咸淡合宜，老嫩如式[①]，原无需补救。不得已为中人说法，则调味者，宁淡毋咸，淡可加盐以救之，咸则不能使之再淡矣。烹鱼者，宁嫩毋老，嫩可加火候以补之，老则不能强之再嫩矣。此中消息[②]，于一切下作料时，静观火色，便可参详[③]。

【注释】

①式：常规。

②消息：机关上的枢纽，意为关键。

③参详：参酌详审，意为了解、明白。

【译文】

名厨高手烹制菜肴，咸淡合适，老嫩适中，原不需作什么补救。但不得不为一般人谈谈食肴补救的办法，即调味时，宁淡毋咸，淡可加盐以补救，咸则无法使之变淡。烹制鱼品，宁嫩勿老，嫩了可加火补救，老了则无法使之再变嫩。其中关键，应在做菜下料时，认真观察火候，便可明白其中的道理。

本份须知

满洲菜多烧煮，汉人菜多羹汤，童而习之，故擅长也。汉请满人，满请汉人，各因所长之菜，转觉入口新鲜，不失邯郸故步[①]。今人忘其本分，而要格外讨好。汉请满人用满菜，满请汉人用汉菜，反致依样葫芦，有名无实，画虎不成反类犬矣。秀才下场[2]，专作自己文字，务极其工[3]，自有遇合[4]。若逢一宗师而摹仿之，逢一主考而摹仿之，则掇皮无异[5]，终身不中矣。

【注释】

①邯郸（hándān）故步：典出邯郸学步。据《庄子·秋水篇》载，燕国有人到赵国，见赵国人走路姿势很美，便跟着学习，结果不但未学好，反而连原来自己走路的方法也忘记了，只好爬着回国。比喻模仿别人不成，反丧失了自己原有的本领。邯郸，战国时赵国首都。

②下场：考场应试。

③工：工整，指做好文章。

④遇合：彼此投合，指赏识。

⑤掇（duó）皮：拾取皮毛。掇，拾取。

【译文】

满洲菜多烧煮，汉人菜则多汤羹。他们自幼就是这么学习，所以各有擅长。汉人宴请满人，满人宴请汉人，各以擅长之菜宴请，反而让人觉得可口新鲜。不会如同邯郸学步，丢弃自我特色。现在的人都忘记自我本分，刻意讨好来客。汉人请满人做满菜，满人请汉人做汉菜，结果反成依葫芦画瓢，有名无实，效果不佳，画虎不成反类犬。秀才入考场，专心考虑作好自己的文章，务求优秀出众，自然会有受到赏识的机会。如果光是模仿某一宗师的文章，或模仿某一考官的文章，也只能拾取皮毛，终生不会考中。

戒单

《戒单》实际也可作为全书的总纲之一，讲述饮食烹饪的基本原则。与《须知单》上面阐述不同，《戒单》主要从反面的角度，强调饮食烹饪中必须注意的相关事项，以除掉饮食烹饪中的不良弊端与制作，从中领悟饮食烹饪的道理和原则。

第一，饮食烹饪制作问题。

袁氏本单，主要对饮食烹饪中有关不良习惯弊端提出批评意见，以拨乱反正，培育良好的饮食烹饪习惯与程序。

如“戒外加油”，袁氏批评了烹饪中为求食物色艳而滥加油的制作方法。又“戒混浊”中，强调根据食物特性采取恰当的烹调方式。在饮食烹饪过程中，对于食物原料的加工配料，食物烹调的水色火候，菜肴味道的甘酸苦辣，都必须仔细考虑，认真制作，方能真正烹制出美食佳肴。

第二，厨师职业道德问题。

厨师职业道德包括厨师素质修养以及工作态度等问题，袁氏对此也有要求。

厨师工作态度必须认真，“凡事不宜苟且，而于饮食尤甚”。要加强厨师对烹调工作重要性的认识。而且必须认真钻研厨艺，掌握烹饪之法，提高自己的烹调水平。同时应虚心听取饮食者意见，教学相长，推动饮食文化发展。

第三，饮食道德文明问题。

袁氏认为，饮食者在品尝美食之时，切忌追求食物名声品贵，而忽略了“适口者珍”的道理。而且反对暴饮暴食，铺张浪费。认为佳肴美味，必须把控品味的最佳时机。同时，品尝美食之时，切忌纵酒贪杯，以免影响美食的品尝。

饮食道德文明，还包括饮食待客之道。设宴待客，应主随客便，点到即止。不必过分强求劝食，令客人饮食失据，进退两难，影响了宴客的氛围。

《戒单》所言，主要在烹饪制作与饮食品尝的过程中，制作人与食客应该注意避免戒除一些不良陋习，培育良好的饮食文明习惯。

为政者兴一利，不如除一弊，能除饮食之弊，则思过半矣①。作《戒单》。

【注释】

①思过半矣：语出《易·系辞下》，意即领悟了大部分。

【译文】

当官者，为民兴一利，不如除一弊，能除掉饮食中的弊端，就已经领悟了大部分的饮食之道。因此作《戒单》。

戒外加油

俗厨制菜，动熬猪油一锅，临上菜时，勺取而分浇之，以为肥腻。甚至燕窝至清之物，亦复受此玷污。而俗人不知，长吞大嚼，以为得油水入腹。故知前生是饿鬼投来。

【译文】

普通的厨师，动不动就熬好猪油一锅，临上菜时，以勺分别浇在菜肴中，认为是给菜肴增加一些肥腻之味。甚至连燕窝这样清爽的食物，也以同样的方式制作，玷污了燕窝的本味。一般人并不知道，狼吞虎咽，以为可以有更多的油水入腹。简直就像饿鬼投胎。

戒同锅熟

同锅熟之弊，已载前“变换须知”一条中。

【译文】

同锅共煮之弊，已载前述“变换须知”的条目中。

戒耳餐

何为耳餐？耳餐者，务名之谓也，食贵物之名，夸敬客之意，是以耳餐，非口餐也。不知豆腐得味，远胜燕窝。海菜不佳，不如蔬笋。余尝谓鸡、猪、鱼、鸭，豪杰之士也，各有本味，自成一家。海参、燕窝，庸陋之人也，全无性情，寄人篱下。尝见某太守宴客①，大碗如缸，白煮燕窝四两，丝毫无味，人争夸之。余笑曰:“我辈来吃燕窝，非来贩燕窝也。”可贩不可吃，虽多奚为？若徒夸体面，不如碗中竟放明珠百粒，则价值万金矣。其如吃不得何？

【注释】

①太守：官名。原设郡守，管理一郡的事，汉时更名为太守，明清时专指知府。

【译文】

什么是耳餐？耳餐就是片面追求食肴的名声，贪图食物名贵，浮夸不实地表示敬客之意，这就是耳餐，并不是可口的佳肴。需知豆腐烹调得法，味道远胜燕窝。海鲜烹制烹调失当，不如新鲜蔬笋。我曾称鸡、猪、鱼、鸭为菜中豪杰，各有本味，自成特色，独立成肴。而海参、燕窝等，好比低下之人，毫无个性，只能通过其他食物调配方能成味。我曾看到某太守宴客，碗大如缸，盛满四两白煮燕窝，吃之无味，客人争相夸耀。我笑着说："我们一行来此是吃燕窝，并非贩卖燕窝。"燕窝数量多似贩卖，而不可口，虽多又有何用？如果只是为了虚夸体面，倒不如在碗中放入明珠百粒，价值万金。管它能吃不能吃？

戒目食

何为目食？目食者，贪多之谓也。今人慕"食前方丈"之名①，多盘叠碗，是以目食，非口食也。不知名手写字，多则必有败笔；名人作诗，烦则必有累句。极名厨之心力，一日之中，所作好菜不过四五味耳，尚难拿准，况拉杂横陈乎？就使帮助多人，亦各有意见，全无纪律，愈多愈坏。余尝过一商家，上菜三撤席，点心十六道，共算食品将至四十余种。主人自觉欣欣得意，而我散席还家，仍煮粥充饥，可想见其席之丰而不洁矣。南朝孔琳之曰②："今人好用多品，适口之外，皆为悦目之资。"余以为肴馔横陈③，熏蒸腥秽，目亦无可悦也。

【注释】

①食前方丈：食时佳肴列前者至方一丈，极言其奢华。

②孔琳之：南朝宋文学家。字彦琳。会稽山阴（在今浙江绍兴）人，官至御史中丞、礼部尚书。好文义，解音律，能弹琴，妙善草隶。

③肴馔横陈：形容宴席上丰盛的菜饭。肴，鱼肉等荤

菜。馔，饭食。

【译文】

什么是目食？目食，就是所谓贪多。如今有些人仰慕那些豪奢美食之名，菜肴满桌，碗盘重叠，这是用眼食之，并非以口食之。他们这些人不知道，名家写字，写多了必有败笔；名人作诗，作多了必有病句。名厨即使竭尽心力，一日之中，所烹佳肴也只能是四五味而已，这已经很不容易了，何况要应付那些乱七八糟的酒席。即使多人帮厨，亦各怀己见，全无规则，越多越坏事。我曾到一商家家中赴宴，上菜换席三次，点心十六道，各种食肴四十余种。主人沾沾自喜，洋洋得意，而我席散回家，还要煮粥充饥。可见酒席丰盛，品位不高。南朝孔琳之曾指出："现在的人贪求菜肴多样，除了一些可口外，大多数是用来饱眼福的点缀品。"我认为，食肴杂乱无章，气味浑浊，看了也没有美感。

戒穿凿[1]

物有本性，不可穿凿为之。自成小巧，即如燕窝佳矣，何必捶以为团？海参可矣，何必熬之为酱？西瓜被切，略迟不鲜，竟有制以为糕者。苹果太熟，上口不脆，竟有蒸之以为脯者[2]。他如《尊生八笺》之秋藤饼[3]，李笠翁之玉兰糕，都是矫揉造作，以杞柳为杯棬[4]，全失大方。譬如庸德庸行，做到家便是圣人，何必索隐行怪乎[5]？

【注释】

①穿凿：非常牵强地解释。

②脯（fǔ）：蜜渍干果或干肉。

③《尊生八笺》：明代高濂所著，全书以尊生为主旨，分为《清修妙论笺》、《四时调摄笺》等八笺。是一部内容广博又切实用的养生专著，也是我国古代养生学的主要文献之一。

④以杞（qǐ）柳为杯棬（quān）：语出《孟子·告子上》，比喻物件失去它原来的形性。杞柳，木名。枝条韧，可编制箱筐等器物。杯棬，用曲木制成的杯盘。

⑤索隐：寻求食物隐僻之理。行怪：行为稀奇古怪。

【译文】

凡食物都有自我本性，不可牵强行事。顺其自然，即为巧作。比如燕窝，本为佳品，何必捶成一团？海参本身就很好，何必要熬成酱？西瓜切开后，时间稍长即不新鲜，竟然还有人把它制成糕。苹果太熟，食之不脆，也有人把它蒸制成果脯。其他像《尊生八笺》的秋藤饼，李笠翁的玉兰糕，都是矫揉造作之品。正如把杞柳之条扭曲制成杯盘一样，失去其原来自然大方的本性。又如一般日常的道德行为，能真正做好便可成为圣人，又何必去做一些隐秘古怪的事情。

戒停顿

物味取鲜，全在起锅时极锋而试[①]；略为停顿，便如霉过衣裳，虽锦绣绮罗，亦晦闷而旧气可憎矣[2]。尝见性急主人，每摆菜必一齐搬出，于是厨人将一席之菜，都放蒸笼中，候主人催取，通行齐上。此中尚得有佳味哉？在善烹饪者，一盘一碗，费尽心思；在吃者，卤莽暴戾，囫囵吞下，真所谓得哀家梨[3]，仍复蒸食者矣。余到粤东，食杨兰坡明府鳝羹而美[4]，访其故，曰："不过现杀现烹，现熟现吃，不停顿而已。"他物皆可类推。

【注释】

①极锋而试：利刀试锋，意为即时、及时而用。

②晦闷：色泽暗淡。

③哀家梨：指汉秣陵（在今江苏江宁）哀仲家所种之好梨，据说大如升，入口消释。典出《世说新语·轻诋》。后比喻说话或文章流畅爽利。

④明府：汉魏以来对太常牧尹，皆称明府。郡所居曰府，明为贤明之意。

【译文】

食肴的美味，要在刚起锅时品尝；稍加停顿迟缓，鲜香尽减。就像霉变的衣服，虽锦绣绫罗，也色泽灰暗，霉味可憎。我曾见过性急的主人，每次宴客，总是把菜肴一齐摆上席中。厨师只好把一席之菜，全放在蒸笼之中，候主人催取，然后把所有菜肴一齐摆上。这样的上菜之法，还能有何美味可言？高明的厨师，对于每一道菜，都是费尽心思去烹饪；而那些食家，横暴粗鲁，狼吞虎咽，囫囵吞下，真好像是得到类似哀家梨的优质果品，不在新鲜之时品尝，却要蒸熟而食。我在广东东部，曾到杨兰坡明府府上品尝美味的鳝鱼羹，问其原因，他说：“只不过是即杀即烹，即熟即吃，不停顿而已。”其他食物也可依此类推。

戒暴殄①

暴者不恤人功，殄者不惜物力。鸡、鱼、鹅、鸭，自首至尾，俱有味存，不必少取多弃也。尝见烹甲鱼者，专取其裙而不知味在肉中②；蒸鲥鱼者，专取其肚而不知鲜在背上。至贱莫如腌蛋，其佳处虽在黄不在白，然全去其白而专取其黄，则食者亦觉索然矣。且予为此言，并非俗人惜福之谓。假设暴殄而有益于饮食，犹之可也。暴殄而反累于饮食，又何苦为之？至于烈炭以炙活鹅之掌，剸刀以取生鸡之肝③，皆君子所不为也。何也？物为人用，使之死可也，使之求死不得不可也。

【注释】

①暴殄（tiǎn）：任意糟蹋残害。

②裙：甲鱼介壳周围的肉质软边。

③剸（tuán）：割。

【译文】

暴虐者不会体恤人力的消耗，糟蹋者不会珍惜物料的耗费。鸡、鱼、鹅、鸭，从头到尾，都自有其味，不应取用少而丢弃多。我曾见有人烹制甲鱼，专取它甲壳的肉质软边，而不知真味在于甲鱼肉中；也有品尝蒸鲥鱼，专吃鱼腹而不知其鲜在鱼背。最平常便宜的莫过于腌蛋，它最好的味道在于蛋黄，而不在蛋白。但是把蛋白全部去掉光吃蛋黄，吃之也觉得索然无味。我这样说，并非如一般人认为的是为了珍惜积福。假如暴殄有利于饮食品尝，那倒还说得过去。如果浪费物料而影响菜肴美味，那又何必如此所为。至于用炭火烤炙活鹅掌，用刀割取活鸡之肝，这些都不是君子所为。为什么呢？家畜动物为人所食，宰杀也是必需的，但令牲畜求死不得，则是极不可取的。

戒纵酒

事之是非，惟醒人能知之；味之美恶，亦惟醒人能知之。伊尹曰："味之精微，口不能言也。"口且不能言，岂有呼呶酗酒之人①，能知味者乎？往往见拇战之徒②，啖佳菜如啖木屑，心不存焉。所谓惟酒是务，焉知其余，而治味之道扫地矣。万不得已，先于正席尝菜之味，后于撤席逞酒之能，庶乎其两可也。

【注释】

①呼呶（náo）：大声喧闹。呶，喧闹声。

②拇战：猜拳。

【译文】

事情的是与非，只有头脑清醒的人能分辨；食味的好坏，也只有头脑清醒的人才能判断。伊尹曾说："味之精妙之处，难以完全用语言表达。”一般人尚且难以用语言表达，那些大叫大嚷的醉酒之徒，又怎能品尝出食肴的美味？经常见到那些酒徒，猜拳酗酒，吃佳肴如嚼木屑，心不在焉。他们一心向酒，其余的事一概不知，美味佳肴也无心品尝。实际上，如果非饮酒不可，应该先于正席品尝佳肴，吃完撤席后再喝酒逞能。这样或者可以两相兼顾。

戒火锅

冬日宴客，惯用火锅，对客喧腾，已属可厌。且各菜之味，有一定火候，宜文宜武，宜撤宜添，瞬息难差。今一例以火逼之，其味尚可问哉？近人用烧酒代炭，以为得计，而不知物经多滚，总能变味。或问：“菜冷奈何？”曰：“以起锅滚热之菜，不使客登时食尽，而尚能留之以至于冷，则其味之恶劣可知矣。”

【译文】

冬天设宴请客，习惯上多用火锅，而火锅席中，待客之声，喧腾热闹，令人生厌。而且各种菜品烹调各有火候，有的需要慢火，有的需要旺火，应撤火时撤火，应添火时添火，不能有丝毫差错。现在一概以火锅煮之，还有什么美味可言？近人有用烧酒代替木炭，以为是个好办法，却不知食物经过多次沸煮，总要变味。有人可能会问：“菜冷了，如何？”我说：“即时起锅的滚热的菜，客人没有即时吃完，直至菜冷，那么这菜味道之差，可想而知。”

戒强让

治具宴客，礼也。然一肴既上，理宜凭客举箸，精肥整碎，各有所好，听从客便，方是道理，何必强让之？常见主人以箸夹取，堆置客前，污盘没碗，令人生厌。须知客非无手无目之人，又非儿童、新妇，怕羞忍饿，何必以村妪小家子之见解待之？其慢客也至矣！近日倡家[①]，尤多此种恶习，以箸取菜，硬入人口，有类强奸，殊为可恶。长安有甚好请客而菜不佳者，一客问曰："我与君算相好乎？"主人曰："相好！"客跽而请曰[②]："果然相好，我有所求，必允许而后起。"主人惊问："何求？"曰："此后君家宴客，求免见招。"合坐为之大笑。

【注释】

①倡家：古称歌舞艺人，或指歌妓。

②跽（jì）：古人席地而坐，以两膝着地。股不着脚跟为跪，跪而耸身直腰为跽。

【译文】

设宴待客，是一种礼节。因而一菜上席理应请客人举箸自行选择，瘦肥整碎，各有所好，主随客便，方是待客之道，何必强劝客人？常见主人以筷夹取食物，堆放在客人面前，弄得盘污碗满，令人生厌。需知客人并非无手盲目之人，也非儿童、新娘因害羞而忍饥挨饿，何必以乡村老妇之见待客，这是极度怠慢客人之行为。近来歌伎中这种恶习尤盛，夹着菜硬塞入客人口中，好比强奸，最为可恶。长安有位非常好客之人，而其菜品不佳。有一客人问之：“我与您也算是好朋友吧？”主人道：“当然是好朋友。”客人跪着说：“如果真是好朋友的话，我有一个请求，您答应后我才起来。”主人惊问：“有何请求？”客人回答：“以后您家请客，千万不要再邀请我了。”满席人为之大笑。

戒走油[1]

凡鱼、肉、鸡、鸭，虽极肥之物，总要使其油在肉中，不落汤中，其味方存而不散。若肉中之油，半落汤中，则汤中之味，反在肉外矣。推原其病有三：一误于火太猛，滚急水干，重番加水；一误于火势忽停，既断复续；一病在于太要相度[2]，屡起锅盖，则油必走。

【注释】

①走油：这里的油指肉质中所含的脂肪美味，走油或指肉中脂肪美味流失。

②太要：急于。相度：观察。

【译文】

凡鱼、肉、鸡、鸭，虽然都是肥美的食物，但必须使它们富含的油脂美味留在肉里，不让其溢于汤中，这样才能保持它们自身的美味。若是肉中的油脂美味，一半融解于汤中，那么汤的味道反而在肉之外。造成这种弊病的原因有三点：一是因火过旺，水分蒸干，重新多次加水；一是火势突然熄灭，断火再燃；一是急于观察菜肴的烧煮状况，屡揭锅盖，必令油香走失。

戒落套

唐诗最佳，而五言八韵之试帖[1]，名家不选，何也？以其落套故也。诗尚如此，食亦宜然。今官场之菜，名号有“十六碟”、“八簋”、“四点心”之称，有“满汉席”之称，有“八小吃”之称，有“十大菜”之称，种种俗名，皆恶厨陋习。只可用之于新亲上门，上司入境，以此敷衍。配上椅披桌裙，插屏香案，三揖百拜方称。若家居欢宴，文酒开筵[2]，安可用此恶套哉？必须盘碗参差，整散杂进，方有名贵之气象。余家寿筵婚席，动至五六桌者，传唤外厨，亦不免落套。然训练之卒，范我驰驱者[3]，其味亦终竟不同。

【注释】

①试帖：唐代以来科举考试中采用的一种诗体，大抵以古人诗句命题，其诗或五言或七言，或八韵或六韵，题以“赋得”两字，故亦称赋得体。

②文酒：饮酒赋诗。

③范我驰驱：语出《孟子·滕文公下》。范，法则，规范，也有使之合乎法理之意。

【译文】

唐诗最佳，而五言八韵之试帖，名家不会选它，为什么？因为它太落俗套。诗尚且如此，饮食也是一样。今官场菜品，其名号有“十六碟”、“八簋”、“四点心”之称，或“满汉全席”之称，或“八小吃”之称，或“十大菜”之称，各式俗名，都是恶劣厨师的陈规陋习。只可用于新亲上门，或上司驾临时，以敷衍应付。并需配上椅披桌裙，屏风香案，多次行礼方可与之相称。假如只是家居欢宴，饮酒赋诗，哪里用得着这一套陈规陋习？只需盘碗形制不一，菜肴整散交错，方才显出名贵气象。我家举办的寿筵婚席，动不动就有五六桌之多，从外面请厨师来掌勺，也难免落入俗套。经过我的训练，也能按照我的规矩行事，其菜肴风味终究不同。

戒混浊

混浊者，并非浓厚之谓。同一汤也，望去非黑非白，如缸中搅浑之水。同一卤也，食之不清不腻，如染缸倒出之浆。此种色味令人难耐。救之之法，总在洗净本身，善加作料，伺察水火，体验酸咸，不使食者舌上有隔皮隔膜之嫌。庾子山论文云[①]：“索索无真气，昏昏有俗心[②]。”是即混浊之谓也。

【注释】

①庾子山：即庾信，北周文学家，擅长宫体诗，文章绮丽，曾官至骠骑大将军。

②索索无真气，昏昏有俗心：庾子山《拟咏怀》诗句。索索，冷清、了无生气的样子。昏昏，糊涂、迷乱的样子。

【译文】

混浊，并不是指浓厚之意。同为汤品，看上去不黑不白，如缸中混浊之水。同为卤品，食之不清不腻，像染缸倒出的浆水。这种颜色气味实在令人难以忍受。补救之法，在于洗净食物，善加调料，观察水色火候，品味酸咸，不让食者舌头上有隔皮隔膜的厌恶感觉。庾信在他的文章中曾说："索然无味，没有生气，昏庸糊涂，俗心迷乱。"指的就是混浊之意。

戒苟且

凡事不宜苟且，而于饮食尤甚。厨者，皆小人下材，一日不加赏罚，则一日必生怠玩。火齐未到而姑且下咽[1]，则明日之菜必更加生。真味已失而含忍不言，则下次之羹必加草率。且又不止空赏空罚而已也。其佳者，必指示其所以能佳之由；其劣者，必寻求其所以致劣之故。咸淡必适其中，不可丝毫加减；久暂必得其当，不可任意登盘。厨者偷安，吃者随便，皆饮食之大弊。审问慎思明辨[2]，为学之方也；随时指点，教学相长，作师之道也。于是味何独不然也？

【注释】

①火齐：火候。

②审问：详细询问。慎思：慎重地思考。明辨：明确地辨析。

【译文】

任何事情都不应该马虎了事，对于饮食烹调更是如此。厨师，多是地位低下之人，一日不严加赏罚批评，则一日必生懒惰玩忽之念。所烹调食肴，其火候未到，姑且进食，则明日所烹之菜必然更加生硬不济。菜肴真味已失，仍忍耐不言，那下次烹羹汤必然更加草率。而且赏罚批评不能只是泛泛而谈。烹调佳者，应指出其烹调得法之缘由；烹调不佳，则应寻找其烹调失准之原因。厨师烹调，咸淡必须适中，不可有丝毫增减；火候时间必须得当，不能任意上盘出菜。厨师贪图安逸，吃者随便果腹，都是饮食生活中之大弊。深问细究，慎思明辨，乃是追求学问的方法；而随时加以指导，教学相互长进，也是为师之责任。对于饮食烹调，又何尝不是如此呢？

海鲜单

袁氏《海鲜单》主要针对当时社会崇尚食用海鲜，从而对有关海鲜的烹饪制作提出一些具体的说明。

首先，《海鲜单》中多以名贵海鲜食品为主。如海参、鱼翅、江瑶柱等。介绍了这些食材原料的加工制作和具体的烹饪方法，如“海参，无味之物，沙多气腥，最难讨好。然天性浓重，断不可以清汤煨也”。又如鱼翅，袁氏认为，有两点要注意，一是鱼翅本身无味，须以浓厚鲜肉鸡汤和味，才能体现鱼翅的美味；二是鱼翅质地较硬，加工烹饪时间较长，应以烹至柔腻融洽为度。

其次，《海鲜单》中也有不少海水养殖贝壳类食品的介绍。如鲍鱼、淡菜、蛎黄等，反映了当时江浙沿海地区贝壳类食品的流行。

不过，袁氏本单中，一些食品归类似有不妥。如把燕窝归入《海鲜单》，似为牵强。燕窝乃燕类动物以唾液与绒羽条混合凝结所筑成的巢，经过整理选择后，形成燕窝食品，当不属海鲜类食物。可能当时燕窝作为高级贵重食品，主要通过海上丝路从东南亚进口而来，从而把它归入同样以高档食品为主的《海鲜单》中。

古八珍并无海鲜之说[1]。今世俗尚之，不得不吾从众。作《海鲜单》。

【注释】

①古八珍：指《周礼·天官》中所记载的八种烹饪方法。即：淳熬、淳母、炮豚、炮牂（zāng）、捣（dǎo）珍、渍、熬、肝膋（liáo）。后来用以泛指珍贵食品。

【译文】

古代八珍里并没有海鲜。现在社会大众崇尚海鲜，我也不得不顺应大众。因而作了《海鲜单》。

燕窝

燕窝贵物，原不轻用。如用之，每碗必须二两，先用天泉滚水泡之[1]，将银针挑去黑丝。用嫩鸡汤、好火腿汤、新蘑菇三样汤滚之，看燕窝变成玉色为度。此物至清，不可以油腻杂之；此物至文[2]，不可以武物串之[3]。今人用肉丝、鸡丝杂之，是吃鸡丝、肉丝，非吃燕窝也。且徒务其名，往往以三钱生燕窝盖碗面，如白发数茎，使客一撩不见，空剩粗物满碗。真乞儿卖富，反露贫相。不得已则蘑菇丝、笋尖丝、鲫鱼肚、野鸡嫩片尚可用也。余到粤东，杨明府冬瓜燕窝甚佳，以柔配柔，以清入清，重用鸡汁、蘑菇汁而已。燕窝皆作玉色，不纯白也。或打作团，或敲成面，俱属穿凿。

【注释】

①天泉：天然泉水。

②文：此处意为柔。

③武物：质地刚硬的食料。

【译文】

燕窝是贵重食物，原本不轻易使用。如需用之，每碗必须用二两，先用煮沸的天然泉水泡之，用银针挑去里面的黑丝。以嫩鸡汤、上好火腿汤、新蘑菇三样汤和燕窝一齐烧煮，看燕窝变成玉色就可以了。燕窝是至清爽的食物，不可以与油腻的食物混杂；燕窝还是非常柔滑的食物，不可以与质地较硬或带骨头的食物混配。如今有人同肉丝、鸡丝混杂同烹，这是吃鸡丝、肉丝，不是食燕窝。也有为追求燕窝的空名，以三钱生燕窝煮碗面，燕窝如几根白发，食客一挑已不见踪影，只剩下一碗粗俗食物。正如乞丐卖弄富有，反而露出穷酸相。不得已时则蘑菇丝、笋尖丝、鲫鱼肚、嫩野鸡片还可以凑合。我到粤东时，品尝到杨明府家的冬瓜燕窝甚佳，以柔配柔，以清入清，只是多用鸡汁、蘑菇汁而已。燕窝都是玉色，并非纯白。那些把燕窝打作成团，或敲成面的，都是穿凿附会的牵强做法。

海参三法

海参，无味之物，沙多气腥，最难讨好。然天性浓重，断不可以清汤煨也。须检小刺参，先泡去沙泥，用肉汤滚泡三次，然后以鸡、肉两汁红煨极烂。辅佐则用香蕈、木耳[①]，以其色黑相似也。大抵明日请客，则先一日要煨，海参才烂。尝见钱观察家[2]，夏日用芥末、鸡汁拌冷海参丝，甚佳。或切小碎丁，用笋丁、香蕈丁入鸡汤煨作羹。蒋侍郎家用豆腐皮、鸡腿、蘑菇煨海参[3]，亦佳。

【注释】

①香蕈（xùn）：即香菇。

②观察：清代道员的俗称。

③侍郎：官名。明清时期正二品官级，与尚书同为中央各部长官。

【译文】

海参本身是无味之物，腹中沙多而且气味腥臊，要烹制成佳肴，难度很大。海参天性合配浓味食肴，千万不能以清淡之汤煨烹。需挑检小刺参，先浸泡以去掉沙泥，在肉汤中滚泡三次，然后以鸡汁、肉汁红煨至烂熟。并配以香菇、木耳等辅料，因为它们都是黑色食物，与海参颜色相衬。一般次日请客，或需提前一日煨煮，海参才能爽弹熟润。我曾见钱观察家中的海参烹制，夏天以芥末、鸡汁拌冷海参丝，味道很好。或者把海参切成小碎丁，用笋丁、香菇丁同鸡汤煨煮成羹。蒋侍郎家用豆腐皮、鸡腿、蘑菇煨煮海参，味道也佳。

鱼翅二法

鱼翅难烂，须煮两日，才能摧刚为柔。用有二法：一用好火腿、好鸡汤，加鲜笋、冰糖钱许煨烂，此一法也；一纯用鸡汤串细萝卜丝，拆碎鳞翅搀和其中，漂浮碗面，令食者不能辨其为萝卜丝、为鱼翅，此又一法也。用火腿者，汤宜少；用萝卜丝者，汤宜多。总以融洽柔腻为佳。若海参触鼻，鱼翅跳盘[1]，便成笑话。吴道士家做鱼翅，不用下鳞[2]，单用上半原根，亦有风味。萝卜丝须出水二次，其臭才去。尝在郭耕礼家吃鱼翅炒菜，妙绝！惜未传其方法。

【注释】

①海参触鼻，鱼翅跳盘：指海参、鱼翅等海产品，因未泡发至透，烹调难以煨烂，在食用品尝时，会因为海参的僵硬，容易触及鼻尖，而鱼翅也会硬直，在夹食时，容易滑脱盘外。

②下鳞：鱼翅下半段。

【译文】

鱼翅较难烹煮至烂，必须煮两天，才有可能摧刚为柔。有两种烹调做法：或用上好火腿与鸡汤，加鲜笋及冰糖一钱左右煨煮熟透，这是一法；或是用纯鸡汤加细萝卜丝，拆碎鱼翅，搀混在里面，丝丝漂浮汤中，令食者难以分辨哪些是萝卜丝，哪些是鱼翅，这又是另一法。用火腿的烹调法，汤应较少；而用萝卜丝的烹调法，汤应较多。总之，令翅品柔腻融洽为最佳。若海参因生硬而触及鼻尖，或鱼翅因硬直夹脱盘外，那就成了笑话。吴道士家制作鱼翅，不用鱼翅下半段，只用上半部分，也有风味。萝卜丝须出水焯两次，才能去除异味。曾在郭耕礼家吃鱼翅炒菜，食味绝妙。可惜未能学到他的烹制方法。

鳆　鱼[1]

鳆鱼炒薄片甚佳，杨中丞家[2]，削片入鸡汤豆腐中，号称“鳆鱼豆腐”；上加陈糟油浇之[3]。庄太守用大块鳆鱼煨整鸭，亦别有风趣。但其性坚，终不能齿决。火煨三日，才拆得碎。

【注释】

①鳆鱼：即鲍鱼。

②中丞：官名。汉代为御史大夫下设属官，负责察举非法。明清时期各省巡抚也称中丞。

③陈糟油：以酒糟为主要原料的特制调味品。

【译文】

鳆鱼的最佳食法是炒薄片，杨中丞家把鳆鱼切片，放入鸡汤豆腐中一齐烹制，号称“鳆鱼豆腐”，上面加上陈糟油调味。庄太守用大块鳆鱼与整鸭煨煮，也别有风味。但鳆鱼肉性坚硬，牙齿很难咬嚼。需用火煨煮三天，其肉方熟烂。

淡　菜[1]

淡菜煨肉加汤，颇鲜。取肉去心，酒炒亦可。

【注释】

①淡菜：指贻贝科动物的贝肉。

【译文】

淡菜煨肉煮汤，味道鲜美。将淡菜去掉内脏，以酒炒亦可。

海 蝘[1]

海蝘，宁波小鱼也，味同虾米，以之蒸蛋甚佳。作小菜亦可。

【注释】

①海蝘（yǎn）：小鱼名。产于浙江一带沿海，味似虾米。

【译文】

海蝘，宁波地区出产的小鱼，味似虾米，用之蒸蛋很好。也可用之做小菜。

乌鱼蛋

乌鱼蛋最鲜，最难服事[1]。须河水滚透，撤沙去腥，再加鸡汤、蘑菇煨烂。龚云若司马家[2]，制之最精。

【注释】

①服事：处理，调制。

②司马：官名。掌管军事的官吏。

【译文】

乌鱼蛋味道最为鲜美，也最难烹调。必须用河水烧滚煮透，去掉沙子和腥臊味，再加鸡汤、蘑菇煨烂。司马龚云若家中所烹此菜，最为精美。

江瑶柱

江瑶柱出产宁波[①]，治法与蚶、蛏同[②]。其鲜脆在柱，故剖壳时，多弃少取。

【注释】

①江瑶柱：又称干贝，是用扇贝的闭壳肌制成的海产品，是一种名贵海味珍品，含丰富的蛋白质、磷、钙等多种营养物质。

②蚶（hān）、蛏（chēng）：都是软体动物，生活在近岸的海水里，肉质鲜美。

【译文】

江瑶柱产自宁波，烹制方法与蚶子、蛏子一样。其鲜脆的地方在肉柱部分，因此，剖壳剥离肉柱时，多弃少取。

蛎　黄[①]

蛎黄生石子上，壳与石子胶粘不分。剥肉作羹，与蚶、蛤相似[②]。一名鬼眼。乐清、奉化两县土产[③]，别地所无。

【注释】

①蛎黄：牡蛎肉，属于海产双壳类软体动物，有天然生长与人工养殖两种。也可干制成蠔，或称蚝豉。

②蛤（gé）：软体动物，生活在浅海泥沙中，也可以

人工养殖。

③乐清、奉化：均属浙江。

【译文】

牡蛎生长在石头上，它的壳与石子胶粘难分。剥壳取肉作羹，与蚶、蛤相似。又称为鬼眼。是浙江乐清、奉化两县的土特产品，别的地方没有。

江鲜单

袁氏《江鲜单》主要对一些常见江海鱼类的烹调制作，进行介绍解读。内容虽然不多，但也反映了袁氏对鱼类烹调制作所具有的经验与心得。

如“刀鱼二法”中，针对刀鱼形状长而薄，而鱼刺颇多，着重介绍了刀鱼鱼刺处理方法，加工实用，古今可行。又如鲥鱼的制作，袁氏认为不能切块及去背骨，会影响鲥鱼真味品尝。因为鲥鱼脂肪含量较高，切块煮汤，脂肪较易溶解流失，自然影响鲥鱼美味。另外，不同鱼类要注意适用的烹调方法，如黄鱼，乃浓重厚味食物，不可以清淡方法烹调。

烹调鱼类食品，重在除腥。所以本单中各种鱼类烹调中，姜、酒及其他香料调味品的应用，也颇为突出。

郭璞《江赋》鱼族甚繁①。今择其常有者治之。作《江鲜单》。

【注释】

①郭璞：东晋文学家、训诂学家，好经术，擅词赋，官著作佐郎。曾作《江赋》，载述鱼类状况。

【译文】

东晋郭璞所著《江赋》中描述了很多鱼类的品种。这里选择常见的鱼类汇集于此。作《江鲜单》。

刀鱼二法

刀鱼用蜜酒酿、清酱①，放盘中，如鲥鱼法，蒸之最佳，不必加水。如嫌刺多，则将极快刀刮取鱼片，用钳抽去其刺。用火腿汤、鸡汤、笋汤煨之，鲜妙绝伦。金陵人畏其多刺，竟油炙极枯，然后煎之。谚曰："驼背夹直，其人不活②。"此之谓也。或用快刀，将鱼背斜切之，使碎骨尽断，再下锅煎黄，加作料，临食时竟不知有骨。芜湖陶大太法也。

【注释】

①蜜酒：用蜂蜜酿制的酒，或为甜酒。

②驼背夹直，其人不活：把驼背人脊骨夹直，人也被夹死，意谓适得其反。

【译文】

刀鱼以蜜酒酿，在清酱中稍沾腌，然后放入盘中，用蒸鲥鱼之法蒸，味道最佳，不用加水。如嫌鱼刺多，则利刀削取鱼片，再用钳拔去鱼刺。用火腿汤、鸡汤、笋汤来煨煮，鲜美无比。金陵人怕其多刺，以油烘烤至枯酥，然后再煎。俗话说："为驼背人夹背，其人非死不可。"就是这个道理。或者用利刀在鱼背上斜切，把鱼骨剁碎，然后再下锅煎至焦黄，加上作料，吃的时候竟不知鱼中有骨。这是芜湖陶大太家的烹制法。

鲥鱼

鲥鱼用蜜酒蒸食，如治刀鱼之法便佳。或竟用油煎，加清酱、酒酿亦佳[①]。万不可切成碎块，加鸡汤煮；或去其背，专取肚皮，则真味全失矣。

【注释】

①酒酿（niàng）：又称酒娘，糯米加曲酿造的甜酒，又叫江米酒。

【译文】

鲥鱼用蜜酒蒸食，如烹制刀鱼之法就很好。或直接以油煎，加上清酱、酒酿，其味道也不错。千万不能切成碎块，加鸡汤煮；或去其背骨，专取鱼腹，则鲥鱼之真味全失。

鲟鱼

尹文端公[①]，自夸治鲟鳇最佳[②]。然煨之太熟，颇嫌重浊。惟在苏州唐氏，吃炒鳇鱼片甚佳。其法切片油炮[③]，加酒、秋油滚三十次，下水再滚起锅，加作料，重用瓜、姜、葱花。又一法，将鱼白水煮十滚，去大骨，肉切小方块，取明骨切小方块[④]；鸡汤去沫，先煨明骨八分熟，下酒、秋油，再下鱼肉，煨二分烂起锅，加葱、椒、韭，重用姜汁一大杯。

【注释】

①尹文端公：尹继善，字元长，号望山。雍正朝进士，曾任巡抚、总督等职，官至文华殿大学士兼军机大臣。

②鲟鳇（xúnhuáng）：鱼名。一名鳣。产江河及近海深水中，长二三丈，无鳞。

③油炮：即油爆，以热油爆炒成菜的一种烹调方法。

④明骨：鲟鳇鱼头骨，色白质软，味美。

【译文】

尹文端公自夸最擅长烹制鲟鱼。但煨之过熟，味道有点浓浊。只有在苏州唐家，所吃炒鳇鱼片甚好。其方法是：把鱼切片油爆，加酒、秋油烧滚三十次，下水再烧开起锅，加作料，多放瓜、姜、葱花等。还有一种方法：将鱼用白水煮十滚，切去大骨，鱼肉切成小方块，取鱼头脆骨也切成小方块；把鸡汤去沫，先将脆骨煨煮八分熟，下酒及秋油，再下鱼肉，煨煮至二分烂起锅，加葱、椒、韭和一大杯姜汁即可。

黄鱼

黄鱼切小块，酱酒郁一个时辰[①]，沥干。入锅爆炒两面黄，加金华豆豉一茶杯，甜酒一碗，秋油一小杯，同滚。候卤干色红，加糖，加瓜姜收起，有沉浸浓郁之妙。又一法，将黄鱼拆碎，入鸡汤作羹，微用甜酱水、纤粉收起之，亦佳。大抵黄鱼亦系浓厚之物，不可以清治之也。

【注释】

①郁：密封浸泡。

【译文】

黄鱼切成小块，以酱、酒浸腌一个时辰，滴干。然后在锅中爆煎至两面呈黄。加金华豆豉一茶杯，甜酒一碗，秋油一小杯，一同滚煮。待汤卤变干发红，加糖、瓜姜收汁起锅。其肴浸润浓郁，甚妙。又有一法：将黄鱼拆碎，放入鸡汤作羹，加少许甜酱水、芡粉增稠盛起，也很好。黄鱼乃是浓重厚味食物，不可以清淡的方法烹调。

班　鱼

班鱼最嫩[①]，剥皮去秽，分肝、肉二种，以鸡汤煨之，下酒三分、水二分、秋油一分；起锅时，加姜汁一大碗、葱数茎，杀去腥气。

【注释】

①班鱼：也称鲐鱼，形似河豚。

【译文】

班鱼肉最嫩，剥皮去掉内脏，分为肝、肉两种，以鸡汤煨煮，加酒三分、水两分、秋油一分；起锅时，加姜汁一大碗、几根葱，可以去掉腥味。

假蟹

煮黄鱼二条，取肉去骨，加生盐蛋四个，调碎，不拌入鱼肉；起油锅炮，下鸡汤滚，将盐蛋搅匀，加香蕈、葱、姜汁、酒，吃时酌用醋。

【译文】

煮熟黄鱼两条，去骨留肉，取生咸蛋四个，打散，不拌入鱼肉；起油锅煎爆鱼肉，然后放入鸡汤烧滚，将咸蛋搅匀入锅，加上香菇、葱、姜汁、酒等，吃时可酌量以醋调味。

特牲单

袁氏《特牲单》，主要对饮食菜式中使用最为普遍的猪肉食品的烹调制作，进行较为全面详尽的介绍说明。大体上包括几个方面的内容。

第一，提供猪类食品不同部位的食肴制作。如猪头、猪蹄、猪爪、猪肚、猪肺、猪腰等，详尽全面。

第二，《特牲单》中，记录了多种猪类食品烹调制作方式。包括煮、煨、灼、炒、酱、烧、腌、蒸，样样皆精。对于猪肉用料，刀工刀法，以及烹制过程，都有详尽说明。类似菜谱式的说明，具有较高的实用性，也反映了当时猪肉食品的烹饪制作水平。

第三，袁氏《特牲单》中，对于制作烹饪火腿的介绍也有不少内容。反映了江浙地区火腿制作食用历史悠久，食用普遍。

猪用最多，可称“广大教主[①]”。宜古人有特豚馈食之礼[②]。作《特牲单》。

【注释】

①广大教主：指以猪肉为原料的菜肴较多，成为各种菜色物料的首领。

②特豚（tún）：古代祭祀时用牛一头或猪一头，称为特牲。特豚或指整头猪。

【译文】

猪肉在菜式中用途最广，可以称得上是各种食物原料的首领。因而古人有用整头猪作为礼物相互赠送的礼仪。作《特牲单》。

猪头二法

洗净五斤重者，用甜酒三斤；七八斤者，用甜酒五斤。先将猪头下锅同酒煮，下葱三十根、八角三钱，煮二百余滚；下秋油一大杯、糖一两，候熟后尝咸淡，再将秋油加减；添开水要漫过猪头一寸，上压重物，大火烧一炷香；退出大火，用文火细煨，收干以腻为度；烂后即开锅盖，迟则走油。一法打木桶一个，中用铜帘隔开，将猪头洗净，加作料闷入桶中[①]，用文火隔汤蒸之，猪头熟烂，而其腻垢悉从桶外流出，亦妙。

【注释】

①闷：用同“焖”。密闭而用微火把食物加热或煮熟。

【译文】

把五斤重的猪头洗净，用甜酒三斤；七八斤重的，用甜酒五斤。先将猪头下锅同酒煮，下葱三十根、八角三钱，反复煮滚二百余次；放秋油一大杯、糖一两，待熟后品尝咸淡，再根据情况添加秋油；加开水要浸没猪头一寸，上面压上重物，用大火烧约一炷香的时间；改为文火慢慢煨煮，以汁干肉腻为好。猪头煨烂后即打开锅盖，迟了则会走油。还有一种方法，用一个木桶，中间用铜帘隔开，将猪头洗净，加作料焖在桶中，用文火隔汤蒸煮，猪头熟烂后，其本身油腻的东西全从桶中流出，也很好。

猪蹄四法

蹄膀一只，不用爪，白水煮烂，去汤，好酒一斤，清酱酒杯半，陈皮一钱，红枣四五个，煨烂。起锅时，用葱、椒、酒泼入，去陈皮、红枣[①]，此一法也。又一法：先用虾米煎汤代水，加酒、秋油煨之。又一法：用蹄膀一只，先煮熟，用素油灼皱其皮，再加作料红煨。有土人好先掇食其皮，号称“揭单被”。又一法：用蹄膀一个，两钵合之，加酒、加秋油，隔水蒸之，以二枝香为度，号“神仙肉”。钱观察家制最精。

【注释】

①陈皮：晒干了的橘皮或橙皮，中医可入药。用之烹调可去膻辟腥。

【译文】

选用蹄膀一只，去掉爪子部分。以白水煮烂，倒掉汤汁。用好酒一斤，清酱酒半杯，陈皮一钱，红枣四五个，煨烂。起锅时，把葱、椒、酒泼入，挑去陈皮、红枣，这是一种方法。还有一法：先用虾米煎汤代水，加酒、秋油煨煮。又有一法：用蹄膀一只，先煮熟，以植物油灼皱其皮，再加作料红煨。有些土人喜欢先剥皮而食，称为"揭单被"。又有一法：蹄膀一个，用两钵合装，加酒、秋油，隔水蒸煮，约烧两炷香时间为好，号为"神仙肉"。钱观察家中烹制最为精美。

猪爪、猪筋

专取猪爪，剔去大骨，用鸡肉汤清煨之。筋味与爪相同，可以搭配；有好腿爪，亦可搀入。

【译文】

专选取猪爪，剔去大骨，以鸡肉汤清煨。猪蹄筋味道与猪爪相同，可以搭配成肴；如果有好的腿爪也可以掺进去。

猪肚二法

将肚洗净，取极厚处，去上下皮，单用中心，切骰子块①，滚油炮炒，加作料起锅，以极脆为佳。

此北人法也。南人白水加酒，煨两枝香，以极烂为度，蘸清盐食之，亦可；或加鸡汤作料，煨烂熏切，亦佳。

【注释】

①骰（tóu）子：一种游戏用具或赌具。用骨头、木头等制成的立体小方块。

【译文】

将猪肚洗干净，取肉最厚的地方，切除上下皮，只用中间部分，切成骰子般的肉块，滚油爆炒，加作料起锅，以极脆为佳。这是北方的烹调法。南方人则把猪肚用白水加酒，煨煮二炷香左右的时间，以烂熟为准，以细盐蘸食，也可以；或者加鸡汤作料，煨烂切片，也很好。

猪肺二法

洗肺最难，以冽尽肺管血水[①]，剔去包衣为第一着。敲之仆之[②]，挂之倒之，抽管割膜，工夫最细。用酒水滚一日一夜。肺缩小如一片白芙蓉，浮于汤面，再加作料。上口如泥。汤西厓少宰宴客[③]，每碗四片，已用四肺矣。近人无此工夫，只得将肺拆碎，入鸡汤煨烂亦佳。得野鸡汤更妙，以清配清故也。用好火腿煨亦可。

【注释】

①冽：用同“沥”，滴落之意。

②仆：用同“扑”，敲打。

③少宰：官名。明清时期俗称吏部侍郎为少宰。

【译文】

猪肺最难清洗干净，首先要清洗肺管血水，剔去包衣。敲打倒挂，抽管割膜，功夫最为细腻。再以酒水滚煮一天一夜，肺缩小如一片白芙蓉，浮于汤面，再加上作料。猪肺上口，熟如烂泥。汤西厓少宰宴客，每碗四片，已用了四个猪肺。近人没有这样的制作功夫，只是将猪肺拆碎，放进鸡汤里煨煮烂熟亦很好。如果以野鸡汤煨煮则更好，以清配清。用上好火腿煨煮也可以。

猪腰

腰片炒枯则木，炒嫩则令人生疑；不如煨烂，蘸椒盐食之为佳。或加作料亦可。只宜手摘，不宜刀切。但须一日工夫，才得如泥耳。此物只宜独用，断不可搀入别菜中，最能夺味而惹腥。煨三刻则老，煨一日则嫩。

【译文】

猪腰片炒老则硬，炒嫩又令人疑心未熟。不如把它煨烂，蘸椒盐而吃为好。或者加上其他作料也可。这种食法只适合用手撕吃，不宜以刀切。烹煮时须一日功夫，方能烹熟如泥。猪腰适宜单独烹制，绝不能掺入其他菜肴中，它最能夺他菜之味，而且充满腥气。猪腰煨煮三刻则老硬，而煨煮一天则爽嫩。

猪里肉

猪里肉[①]，精而且嫩。人多不食。尝在扬州谢蕴山太守席上，食而甘之。云以里肉切片，用纤粉团成小把，入虾汤中，加香蕈、紫菜清煨，一熟便起。

【注释】

①猪里肉：即猪里脊肉。

【译文】

猪里脊肉，质优细嫩。很多人不知道怎么吃。我曾在扬州谢蕴山太守席中品尝，味道非常好。据说是把猪里脊肉切成片，以芡粉上浆，放入虾汤中，加香菇、紫菜等清煮，一熟就起锅。

白片肉

须自养之猪，宰后入锅，煮到八分熟，泡在汤中，一个时辰取起[①]。将猪身上行动之处[②]，薄片上桌，不冷不热，以温为度。此是北人擅长之菜。南人效之，终不能佳。且零星市脯，亦难用也。寒士请客[③]，宁用燕窝，不用白片肉，以非多不可故也。割法须用小快刀片之，以肥瘦相参，横斜碎杂为佳，与圣人“割不正不食”一语[④]，截然相反。其猪身，肉之名目甚多。满洲“跳神肉”最妙[⑤]。

【注释】

①时辰：旧时计时单位，把一昼夜分为十二段，每段为一个时辰，合现在两个小时。十二个时辰以地支为名称。从半夜起算，半夜十一点到一点是子时，中午十一点到一点是午时。

②猪身上行动之处：猪经常活动的部位，应指猪的前后腿。

③寒士：魏晋南北朝时讲究门第，出身寒微的读书人称为寒士，或指贫苦的读书人。

④割不正不食：指肉切得不方正不吃，语出孔子《论语·乡党》。

⑤跳神肉：跳神是一种祭神请神之舞。跳神也是满族的大礼，祭神时将猪白煮。祭礼毕，众人席地割肉而食，称跳神肉。

【译文】

白片肉，最好选用自养之猪，宰后入锅煮八分熟，在汤中泡两个小时捞起。将猪身上平时运动较多的部位切成薄片上菜，不冷不热，口感温热为度。这是北方人擅长的烹制之菜。南方人仿照烹制，总是欠佳。而且，在市场上零散买来的肉也难以合用。一些贫寒读书人请客，宁愿用燕窝，也不用白片肉。因为白片肉制作，需要选用数量较多的猪肉。其切割之法，也需用小快刀切片，以肥瘦搭配，横斜混杂为最佳，与孔子“肉切得不方不正不吃”所言截然相反。猪肉佳肴名目繁多，满洲人的“跳神肉”为最好。

红煨肉三法

或用甜酱，或用秋油，或竟不用秋油、甜酱。每肉一斤，用盐三钱，纯酒煨之；亦有用水者，但须熬干水气。三种治法皆红如琥珀，不可加糖炒色。早起锅则黄，当可则红，过迟则红色变紫，而精肉转硬。常起锅盖，则油走而味都在油中矣。大抵割肉虽方，以烂到不见锋棱，上口而精肉俱化为妙。全以火候为主。谚云："紧火粥，慢火肉。"至哉言乎！

【译文】

红煨肉的烹制，有的用甜酱，有的用秋油，有的甚至秋油、甜酱一概不用。每一斤肉，用盐三钱，以纯酒煨煮；也有光用水煨煮，但必须熬干水分。三种烹调法，其肉色都红如琥珀，不可依靠加糖起色。红煨肉烹调，起锅过早肉色呈黄，恰到好处则肉呈红色。起锅过迟，肉色由红变紫，而精瘦肉也会变硬。烹制时，经常提起锅盖看，肉质就会走油，而味道都在油汁中。一般把肉切成方块，烹煮至烂不见棱角，上口时瘦肉也能融化为最佳。此道菜式的烹调全在火候的控制掌握。俗话说："紧火粥，慢火肉。"实在是至理名言。

白煨肉

每肉一斤，用白水煮八分好，起出去汤；用酒半斤，盐二钱半，煨一个时辰。用原汤一半加入，滚干汤腻为度，再加葱、椒、木耳、韭菜之类。火先武后文。又一法：每肉一斤，用糖一钱，酒半斤，水一斤，清酱半茶杯；先放酒，滚肉一二十次，加茴香一钱，加水闷烂，亦佳。

【译文】

白煨肉，一般是以肉一斤，用白水煮八分熟起锅，把汤去存。然后用酒半斤，盐二钱半，煨煮两个小时左右。再用原汤的一半加入，烧煮至汤干肉腻为止，再加葱、椒、木耳、韭菜之类。先旺火后慢火。另有一法：肉一斤，加糖一钱，酒半斤，水一斤，清酱半茶杯；先放酒于肉中滚煮一二十次，加茴香一钱，加水焖烂，也很不错。

油灼肉

用硬短勒切方块[①]，去筋襻[②]，酒酱郁过，入滚油中炮炙之[③]，使肥者不腻，精者肉松。将起锅时，加葱、蒜，微加醋喷之。

【注释】

①硬短勒：猪肉部位，位于肋条骨下的板状肉，又称为五花肉。

②筋襻（pàn）：瘦肉或骨头上的白色条状物。

③炮炙：原指在火上焙烤中药，这里指把肉放在滚油中煎炸。

【译文】

把五花肉切成方块，除去筋膜，以酒、酱腌浸后放进滚油中爆炸，令肥肉油而不腻，瘦肉酥松。将起锅时，加葱、蒜，并稍加点醋。

干锅蒸肉

用小磁钵，将肉切方块，加甜酒、秋油，装大钵内封口，放锅内，下用文火干蒸之。以两枝香为度，不用水。秋油与酒之多寡，相肉而行，以盖满肉面为度。

【译文】

将肉先切成方块，放在小瓷钵中，加上甜酒、秋油，再装进大钵内封口，放进锅中，用文火干蒸。蒸大概两枝香的时间，不用加水。肉中所放秋油与酒的量，根据肉的多少而定，一般以淹盖肉面为标准。

盖碗装肉

放手炉上。法与前同。

【译文】

放在炉子上蒸煮。方法与前面的一样。

磁坛装肉

放砻糠中慢煨[①]。法与前同。总须封口。

【注释】

①砻（lóng）糠：稻壳。砻，磨谷去壳之工具。

【译文】

用稻壳作燃料，慢火煨熟。具体做法与前面的相同。一定要把瓷坛密封严实。

脱沙肉

去皮切碎，每一斤用鸡子三个[①]，青黄俱用，调和拌肉；再斩碎，入秋油半酒杯，葱末拌匀，用网油一张裹之[②]；外再用菜油四两，煎两面，起出去油；用好酒一茶杯，清酱半酒杯，闷透，提起切片；肉之面上，加韭菜、香蕈、笋丁。

【注释】

①鸡子：即鸡蛋。

②网油：从猪的大肠上剥离的一层薄脂油，呈网状型。

【译文】

把肉去皮切碎，每一斤用鸡蛋三个，蛋白蛋黄一齐调匀拌肉。把肉切碎，加入半酒杯秋油，与葱末拌匀，用一张猪网油把碎肉包好；然后用四两菜油，把肉团两面煎好，起锅去油；再用一茶杯好酒，半酒杯清酱，倒进锅里与肉焖煮，再把肉切成片；在肉上面加上韭菜、香菇、笋丁。

晒干肉

切薄片精肉，晒烈日中，以干为度。用陈大头菜，夹片干炒。

【译文】

将瘦肉切成薄片，在烈日下干晒，直到晒干为止。以陈年大头菜，夹着肉片干炒。

火腿煨肉

火腿切方块，冷水滚三次，去汤沥干；将肉切方块，冷水滚二次，去汤沥干；放清水煨，加酒四两、葱、椒、笋、香蕈。

【译文】

把火腿切成方块，放在冷水中煮滚三次，捞起滴干水分；把肉切成方块，放在冷水中煮滚二次，也捞起滴干水分；然后把两种肉放进清水里煨煮，加酒四两，另加葱、椒、笋、香菇。

台鲞煨肉

法与火腿煨肉同。鲞易烂，须先煨肉至八分，再加鲞；凉之则号“鲞冻”。绍兴人菜也。鲞不佳者，不必用。

【译文】

本菜式烹调与火腿煨肉的方法相同。台鲞容易熟烂，应先将猪肉煨煮八分熟，再加入台鲞；做好后放凉，则称为“鲞冻”。这是绍兴菜式。如果鲞不新鲜，就不要食用。

粉蒸肉

用精肥参半之肉，炒米粉黄色，拌面酱蒸之，下用白菜作垫。熟时不但肉美，菜亦美。以不见水，故味独全。江西人菜也。

【译文】

选择半肥半瘦的猪肉，炒米粉呈黄色，拌上面酱一齐蒸，肉下面垫上白菜。蒸熟后，不但肉味鲜美，菜的味道也不错。由于没有加水，故味道齐全。这是江西菜。

熏煨肉

先用秋油、酒将肉煨好，带汁上木屑，略熏之，不可太久，使干湿参半，香嫩异常。吴小谷广文家①，制之精极。

【注释】

①广文：明清以来，泛指儒家教官。

【译文】

先用秋油、酒将肉煨好，连汁在木屑火上略熏一会，时间不可太长。肉质半干半湿，香嫩异常。吴小谷教官家中所制熏煨肉，十分精致美味。

芙蓉肉

精肉一斤，切片，清酱拖过，风干一个时辰。用大虾肉四十个，猪油二两，切骰子大，将虾肉放在猪肉上。一只虾，一块肉，敲扁，将滚水煮熟撩起。熬菜油半斤，将肉片放在眼铜勺内，将滚油灌熟[①]。再用秋油半酒杯，酒一杯，鸡汤一茶杯，熬滚，浇肉片上，加蒸粉、葱、椒糁上起锅[②]。

【注释】

①灌熟：把热油反复浇浸在食物上，直至食物成熟为止。

②糁（sǎn）：溅，洒。

【译文】

以瘦肉一斤切片，在清酱中腌蘸一下，风干约两个小时。用大虾肉四十个，猪油二两，把虾肉切成骰子般大小，将虾肉放在猪肉上。一块肉放一只虾，敲扁，放在开水里煮熟捞起。熬菜油半斤，将肉片放在眼铜勺中，以热油来回浇注至肉熟。再将秋油半酒杯，酒一杯，鸡汤一茶杯，烧滚，淋洒在肉片上，加上蒸粉、葱、椒打捞起锅。

荔枝肉

用肉切大骨牌片[①]，放白水煮二三十滚，撩起；熬菜油半斤，将肉放入炮透，撩起，用冷水一激，肉皱，撩起；放入锅内，用酒半斤，清酱一小杯，水半斤，煮烂。

【注释】

①骨牌：牌类娱乐用具，每副三十张，用骨头、象牙、竹子或乌木制成，上面刻着以不同方式排列的从两个到十二个点子。旧时多用以赌博。

【译文】

把肉切成大骨牌大小的片，放进白水里煮滚二三十次，捞起；熬菜油半斤，在油锅中把肉炸透捞起，用冷水迅速冷却，肉顿时起皱，再捞起；最后，放入锅中，加酒半斤，清酱一小杯，水半斤，把肉煮烂方止。

八宝肉

用肉一斤，精、肥各半，白煮一二十滚，切柳叶片。小淡菜二两，鹰爪二两[①]，香蕈一两，花海蜇二两[②]，胡桃肉四个去皮，笋片四两，好火腿二两，麻油一两。将肉入锅，秋油、酒煨至五分熟，再加余物，海蜇下在最后。

【注释】

①鹰爪：即嫩茶，嫩茶芽形如鹰爪。

②花海蜇（zhé）：即海蜇头。

【译文】

以肥瘦各半的猪肉一斤，先用白水煮开一二十次，切成柳叶片状。再以小淡菜二两，鹰爪嫩茶叶二两，香菇一两，海蜇头二两，去皮核桃肉四个，笋片四两，好火腿二两，麻油一两。将肉放入锅中，以秋油、酒煨至五分熟，再加其他东西，最后再加海蜇头。

菜花头煨肉

用台心菜嫩蕊，微腌，晒干用之。

【译文】

以台心菜嫩蕊，稍加盐腌，晒干后可以入肴烹制。

炒肉丝

切细丝，去筋襻、皮、骨，用清酱、酒郁片时，用菜油熬起，白烟变青烟后，下肉炒匀，不停手，加蒸粉，醋一滴，糖一撮，葱白、韭蒜之类。只炒半斤，大火，不用水。又一法：用油泡后，用酱水加酒略煨，起锅红色，加韭菜尤香。

【译文】

把肉去掉筋膜、皮、骨，切成细丝。用清酱、酒腌浸片时，把锅中菜油加热，由白烟变成青烟后，把肉放进锅中，不停地爆炒，随即加入豆粉，醋一滴，糖一撮，还有葱白、韭蒜一类的香料食物。炒肉丝最好只炒半斤，须用旺火，不用加水。还有一法是：油炒后，加酱水、酒稍作煨煮，肉呈红色时起锅，加韭菜味道尤香。

炒肉片

将肉精、肥各半，切成薄片，清酱拌之。入锅油炒，闻响即加酱、水、葱、瓜、冬笋、韭芽，起锅火要猛烈。

【译文】

将半肥半瘦的猪肉切成薄片，以清酱拌之。入锅爆炒，闻劈啪响即加酱、水、葱、瓜、冬笋、韭菜等。炒时要用大火。

八宝肉圆

猪肉精、肥各半，斩成细酱，用松仁、香蕈、笋尖、荸荠、瓜、姜之类，斩成细酱，加纤粉和捏成团，放入盘中，加甜酒、秋油蒸之。入口松脆。家致华云："肉圆宜切，不宜斩。"必别有所见。

【译文】

把猪肉肥瘦各半，剁成肉酱。将松仁、香菇、笋尖、荸荠、瓜、姜之类，同样切碎，用芡粉把肉与其他食料和捏成团，放入盘中，加甜酒、秋油入锅蒸之。吃时入口松脆。家致华说："肉圆制作，宜用刀切，不宜刀斩。"一定有其道理。

空心肉圆

将肉捶碎郁过，用冻猪油一小团作馅子，放在团内蒸之，则油流去，而团子空心矣。此法镇江人最善。

【译文】

把肉捶成肉酱，以调料稍稍腌过，用一小团冻结猪油做馅，放在肉团内，在锅中水蒸。猪油遇热溶化，肉团内里空心。镇江人最擅长这种烹制方法。

锅烧肉

煮熟不去皮，放麻油灼过，切块加盐，或蘸清酱，亦可。

【译文】

猪肉煮熟不去皮，放在锅中滚热的麻油中灼一下，然后切成块加盐食用，或者蘸清酱吃也可以。

酱 肉

先微腌，用面酱酱之，或单用秋油拌郁，风干。

【译文】

先将肉微腌一下，再用面酱酱抹肉身。或者是单独用秋油腌浸，然后风干食用。

糟 肉

先微腌，再加米糟。

【译文】

先将肉略腌一下，再加米糟腌。

暴腌肉

微盐擦揉，三日内即用。以上三味，皆冬月菜也，春夏不宜。

【译文】

用少量的盐在肉中擦揉，腌上三天，即可食用。以上三味，皆冬天食用，春夏二季不宜食用。

尹文端公家风肉

杀猪一口，斩成八块，每块炒盐四钱，细细揉擦，使之无微不到，然后高挂有风无日处。偶有虫蚀，以香油涂之。夏日取用，先放水中泡一宵，再煮，水亦不可太多太少，以盖肉面为度。削片时，用快刀横切，不可顺肉丝而斩也。此物惟尹府至精，常以进贡。今徐州风肉不及，亦不知何故。

【译文】

杀猪一只，斩成八块。每块用炒过的盐四钱，在肉上细细地揉擦，所有的地方都用盐擦遍，然后挂在通风背阴的地方。偶然有虫子蛀蚀，就以香油涂抹。夏天取用时，先放入水中浸泡一夜，再煮，加水不能太多也不能太少，以盖肉面为好。切削肉片时，用快刀横切，不能顺着肉丝纹路切斩。这种食物以尹府制作最好，常作贡品进贡。如今徐州所产的风肉也不如尹家的好，也不知为什么。

家乡肉

杭州家乡肉，好丑不同，有上、中、下三等。大概淡而能鲜，精肉可横咬者为上品。放久即是好火腿。

【译文】

杭州的家乡肉，好坏各有不同，分为上中下三等。大体上吃时淡而鲜，瘦肉可横咬者为上品。时间放长之后，家乡肉就成为好火腿。

笋煨火肉①

冬笋切方块，火肉切方块，同煨。火腿撤去盐水两遍，再入冰糖煨烂。席武山别驾云②：凡火肉煮好后，若留作次日吃者，须留原汤，待次日将火肉投入汤中滚热才好。若干放离汤，则风燥而肉枯；用白水，则又味淡。

【注释】

①火肉：火腿肉。

②别驾：官名。原是汉代州刺史的佐吏。因随刺史出巡时另乘使车，故称别驾。清代指称长官的副手。

【译文】

把冬笋与火腿肉切成方块，一同煨煮。等火腿去掉两遍盐水后，再放入冰糖煨煮熟烂。席武山别驾说：火腿肉煮好后，若留作次日吃，一定要保留原汤，待次日把火腿肉在汤中滚热后再吃。如果火腿离汤干放，就会风吹干燥，肉质枯干；再用白水加热，味又变淡。

烧小猪

小猪一个，六七斤重者，钳毛去秽[①]，叉上炭火炙之。要四面齐到，以深黄色为度。皮上慢慢以奶酥油涂之，屡涂屡炙。食时酥为上，脆次之，硬斯下矣。旗人有单用酒、秋油蒸者[②]，亦惟吾家龙文弟，颇得其法。

【注释】

①钳（qián）：夹，夹取。

②旗人：指清代编入八旗族籍的人，后来一般作为对满族人的泛称。

【译文】

将一只六七斤重的小猪，夹去猪毛，清除内脏，叉着在炭火上烧烤。要四面全烤，烤至深黄色为好。猪皮上要以奶酥油涂抹，一边涂一边烤。食用时，酥化为上品，脆为中品，硬为下品。满族人有用酒、秋油来蒸的，也只有我家龙文弟做得最好。

烧猪肉

凡烧猪肉，须耐性。先炙里面肉，使油膏走入皮内，则皮松脆而味不走。若先炙皮，则肉上之油尽落火上，皮既焦硬，味亦不佳。烧小猪亦然。

【译文】

烧烤猪肉，必须要有耐性。先烧烤里面的肉，使油膏浸入皮肉，令肉皮松酥，美味依然。如果先烧烤肉皮，则肉中的香油全落在火上，肉皮焦硬，味道欠佳。烧小猪也是一样。

排骨

取勒条排骨精肥各半者，抽去当中直骨，以葱代之，炙用醋、酱，频频刷上，不可太枯。

【译文】

选取肥瘦各半的肋条排骨，抽去当中的直骨，以葱代之，然后用醋、酱涂擦排骨上，放进火中烧烤，边烤边涂，不能让排骨太枯干。

罗蓑肉

以作鸡松法作之。存盖面之皮，将皮下精肉斩成碎团，加作料烹熟。聂厨能之。

【译文】

按鸡肉松的制作方法烹调。留着表面的肉皮，将皮下的精肉斩成碎团，加上作料烹熟。姓聂的厨师能做此菜。

端州三种肉①

一罗蓑肉。一锅烧白肉，不加作料，以芝麻、盐拌之。切片煨好，以清酱拌之。三种俱宜于家常。端州聂、李二厨所作。特令杨二学之。

【注释】

①端州：在今广东肇庆。

【译文】

一种是罗蓑肉。一种是锅烧白肉，不加作料，以芝麻、盐拌食之。还有一种把肉切片煨好，以清酱拌之。这三种食肴都适合作家常菜。端州聂、李二厨师所烹制。我特地派杨二去学习。

杨公圆

杨明府作肉圆，大如茶杯，细腻绝伦。汤尤鲜洁，入口如酥。大概去筋去节，斩之极细，肥瘦各半，用纤合匀。

【译文】

杨明府家做的肉丸，大如茶杯，细腻无比。其汤尤为鲜美，入口如酥。大概是把肉去筋弃节，肉剁极细，肥瘦参半，再用芡粉调合和匀。

黄芽菜煨火腿

用好火腿，削下外皮，去油存肉。先用鸡汤，将皮煨酥，再将肉煨酥；放黄芽菜心，连根切段，约二寸许长；加蜜、酒酿及水，连煨半日。上口甘鲜，肉菜俱化，而菜根及菜心，丝毫不散。汤亦美极。朝天宫道士法也。

【译文】

选用优质火腿，削去外皮，剥掉肥油，保留精肉。先用鸡汤将剥去的皮煨至酥软，再将火腿肉同样煨至酥软；然后放入黄芽菜心，连根茎切成约二寸长；加蜜、酒酿及水，煨上半日。吃起来口感甘鲜，肉菜俱化，而菜根和菜心丝毫不散。肉汤亦十分鲜美。这是朝天宫道士的烹制方法。

蜜火腿

取好火腿，连皮切大方块，用蜜酒煨极烂，最佳。但火腿好丑、高低，判若天渊。虽出金华、兰溪、义乌三处，而有名无实者多。其不佳者，反不如腌肉矣。惟杭州忠清里王三房家，四钱一斤者佳。余在尹文端公苏州公馆吃过一次，其香隔户便至，甘鲜异常。此后不能再遇此尤物矣。

【译文】

选取优质火腿，连皮切成大方块，以蜜酒煨熟极烂，最好。但火腿质量，优劣有如天渊之别。虽然都是出自金华、兰溪、义乌三处，但大多是有名无实。其中有些很差的火腿，连腌肉都不如。只有杭州忠清里王三房家，卖四钱一斤的火腿最好。我在尹文端公苏州公馆吃过一次，火腿香味隔着门也能闻到，特别鲜美。之后再也没有遇到类似的珍品了。

杂牲单

袁氏《杂牲单》，主要介绍牛、羊、鹿等北方肉类食品的相关饮食烹饪制作，体现了北方饮食文化风情。

袁氏《杂牲单》中，羊肉的烹饪制作内容较多，包括全羊以及羊头、羊蹄的烹饪方法，烹饪方式也较丰富，如羹、煨、炒、烧等。但是可能与袁氏江浙籍以及饮食风尚有关，在相关介绍中似乎相对较为简略。

袁氏《杂牲单》中也提及诸如果子狸、獐等动物原料，似可由此一窥当时尚存北方游牧狩猎之饮食风尚。

牛、羊、鹿三牲，非南人家常时有之之物。然制法不可不知。作《杂牲单》。

【译文】

牛、羊、鹿三种肉类，并不是南方人家中常有的食物。但不能不知道它们的烹制方法。所以作《杂牲单》。

牛　肉

买牛肉法，先下各铺定钱[①]，凑取腿筋夹肉处[②]，不精不肥。然后带回家中，剔去皮膜，用三分酒、二分水清煨，极烂；再加秋油收汤。此太牢独味孤行者也[③]，不可加别物配搭。

【注释】

①定钱：定价。

②凑取：选取。

③太牢：古代祭祀，并用牛、羊、豕三牲叫太牢。也有专指牛为太牢。

【译文】

买牛肉的方法，是先到肉铺定价付钱，选取腿筋夹肉处，此处肉不肥不瘦。拿回家中，剔去皮膜，用三分酒、二分水清煨熟烂；再加秋油收汁。牛肉味道独特，只适宜单独烹制，不能与别的食物搭配。

牛　舌

牛舌最佳。去皮、撕膜、切片，入肉中同煨。亦有冬腌风干者，隔年食之，极似好火腿。

【译文】

牛舌是很好的食物。剥皮去膜，切成片，放入牛肉中一同煨煮。也有在冬天腌制风干来年再食用，味道如优质火腿。

羊　头

羊头毛要去净；如去不净，用火烧之。洗净切开，煮烂去骨。其口内老皮，俱要去净。将眼睛切成二块，去黑皮，眼珠不用，切成碎丁。取老肥母鸡汤煮之，加香蕈、笋丁，甜酒四两，秋油一杯。如吃辣，用小胡椒十二颗、葱花十二段；如吃酸，用好米醋一杯。

【译文】

羊头的毛要去干净；如去不干净，可用火烧净。洗净切开，煮烂去骨。嘴里面的老皮，也要清洗干净。把眼睛切成两块，去掉黑皮，不要眼珠，并切成碎丁。用老肥母鸡汤煮，加香菇、笋丁，四两甜酒，一杯秋油。如吃辣，就加入十二颗小胡椒、十二段葱花；如吃酸，则用一杯好米醋加煮。

羊蹄

煨羊蹄，照煨猪蹄法，分红、白二色。大抵用清酱者红，用盐者白。山药配之宜。

【译文】

煨煮羊蹄，可参照煨煮猪蹄的方法，分为红、白二色烹制。一般用清酱煨是红烧，用盐煨是白煮。适合加些山药与之煨煮配菜。

羊羹

取熟羊肉斩小块，如骰子大。鸡汤煨，加笋丁、香蕈丁、山药丁同煨。

【译文】

把熟羊肉切成小块，像骰子般大小。用鸡汤，加上笋丁、香菇丁、山药丁等配菜同煨。

羊肚羹

将羊肚洗净，煮烂切丝，用本汤煨之。加胡椒、醋俱可。北人炒法，南人不能如其脆。钱玙沙方伯家[1]，锅烧羊肉极佳，将求其法。

【注释】

①方伯：一方诸侯之长，后来泛称地方长官。

【译文】

将羊肚洗干净，煮烂后切丝，以原汤再煨之。加胡椒、醋都可以。这是北方人的烹制方法，南方人所烹制不如北方人做的爽脆。钱玙沙长官家中锅烧羊肉味道极佳，我要向他请教学习。

红煨羊肉

与红煨猪肉同。加刺眼核桃，放入去膻。亦古法也。

【译文】

和红煨猪肉的方法一样。在核桃上打孔，放入肉中去膻。这也是古人的方法。

炒羊肉丝

与炒猪肉丝同。可以用纤，愈细愈佳。葱丝拌之。

【译文】

与炒猪肉丝的方法一样。可以打芡，羊肉丝切得越细越好。并以葱丝拌之。

烧羊肉

羊肉切大块，重五七斤者，铁叉火上烧之。味果甘脆，宜惹宋仁宗夜半之思也[1]。

【注释】

①宋仁宗夜半之思：宋仁宗，北宋皇帝赵祯。据《宋史·仁宗本纪》载："宫中夜饥，思膳烧羊。"

【译文】

把羊肉切成五七斤重的大块肉，以铁叉叉在火上烧烤。味道的确甘美酥脆，使人像当年的宋仁宗那样夜半还想吃烧羊肉。

全 羊

全羊法有七十二种，可吃者不过十八九种而已。此屠龙之技[①]，家厨难学。一盘一碗，虽全是羊肉，而味各不同才好。

【注释】

①屠龙之技：原出《庄子·列御寇》，后称高超技艺为屠龙之技。

【译文】

全羊烹制法有七十二种，可吃者也不过十八九种而已。这是高超的烹调技艺，一般家厨很难学全。虽然一盘一碗全是羊肉，但是味道各有不同为好。

鹿 肉

鹿肉不可轻得。得而制之，其嫩鲜在獐肉之上[①]。烧食可，煨食亦可。

【注释】

①獐：哺乳动物，形容似鹿而较小，没有角。

【译文】

鹿肉不能轻易得到。得到鹿肉烹制之，其鲜嫩胜于獐肉。既可烧食，也可以煨食。

鹿筋二法

鹿筋难烂。须三日前，先捶煮之，绞出臊水数遍，加肉汁汤煨之，再用鸡汁汤煨；加秋油、酒，微纤收汤；不搀他物，便成白色，用盘盛之。如兼用火腿、冬笋、香蕈同煨，便成红色，不收汤，以碗盛之。白色者，加花椒细末。

【译文】

鹿筋难以煮烂。食前三日，先将鹿筋捶打后烧煮，沥出腥臊汤水倒掉，反复几次，加肉汁汤煨，再用鸡汁汤煨；加秋油、酒，稍稍勾芡收汤；不掺杂其他东西，煮成白色，以盘盛上。如果加上火腿、冬笋、香菇等一起煨煮，汤成红色，不收汤，以碗盛上。白色的还可加点花椒细末。

獐　肉

制獐肉，与制牛、鹿同。可以作脯。不如鹿肉之活，而细腻过之。

【译文】

獐肉的制作，与牛、鹿肉一样。可以制作成干肉脯。獐肉不如鹿肉鲜嫩，却比鹿肉细腻。

果子狸

果子狸，鲜者难得。其腌干者，用蜜酒酿，蒸熟，快刀切片上桌。先用米泔水泡一日，去尽盐秽。较火腿觉嫩而肥。

【译文】

新鲜的果子狸肉很难得到。其腌干的果子狸，可以用蜜酒酿蒸熟，以快刀切成片上菜。果子狸腌肉先用米汤浸泡一天，析去盐分与脏物。吃用时较火腿更为肥嫩。

假牛乳

用鸡蛋清拌蜜酒酿，打掇入化[①]，上锅蒸之。以嫩腻为主。火候迟便老，蛋清太多亦老。

【注释】

①打掇（duō）入化：通过搅动融为一体。

【译文】

以鸡蛋清拌蜜和酒，搅匀融化，入锅中蒸。以嫩腻为特点。火候迟了，容易烹老，蛋清太多也会老。

鹿尾

尹文端公品味，以鹿尾为第一。然南方人不能常得。从北京来者，又苦不鲜新。余尝得极大者，用菜叶包而蒸之，味果不同。其最佳处，在尾上一道浆耳[①]。

【注释】

①一道浆：指鹿尾脂肪浓厚之端。

【译文】

尹文端公品尝食味，把鹿尾列第一位。但是南方人不能经常得到。从北京带来的鹿尾，可惜不那么新鲜。我曾经得到一条很大的鹿尾，用菜叶包着蒸，味道果然不同凡响。其最好的地方在于尾巴脂肪最丰富之端。

羽族单

袁氏《羽族单》，主要对鸡、鸭、鹅等家禽类食品相关饮食烹饪制作进行介绍，袁氏认为“鸡功最巨，诸菜赖之。如善人积阴德而人不知。故令领羽族谱，而以他禽附之”。所以，单中尤以鸡禽介绍最多，也较详尽。

袁氏《羽族单》，以鸡禽为首选，共记载了三十一种以鸡为主的菜肴。袁氏笔下，鸡禽饮食烹制，花样繁多，程序连贯，简明扼要，具有较强的实操意义。

此外，《羽族单》中还有鸭、鹅等家禽烹饪制作的相关记录。鸭禽的记载较多，也反映了当时家鸭食用之普遍。一些飞禽，如鸽子、麻雀、鹌鹑等饮食烹饪制作也有相应的记录。当然与鸡鸭等家禽相比，类似飞禽的介绍颇为简略，基本上都是点到即止。

鸡功最巨，诸菜赖之。如善人积阴德而人不知。故令领羽族之首，而以他禽附之。作《羽族单》。

【译文】

鸡的功劳最大，许多菜肴的制作都离不开它。正如善人积阴德，而别人不知。所以我把它列作家禽类的第一位，而把其他禽畜附带列后。作《羽族单》。

白片鸡

肥鸡白片，自是太羹、玄酒之味[1]。尤宜于下乡村、入旅店，烹任不及之时，最为省便。煮时水不可多。

【注释】

①太羹：古时祭祀所用的肉汁，因不和五味，或有指本味。玄酒：上古祭祀用水，后引申为薄酒。

【译文】

肥鸡肉片，本来就像古时太羹、玄酒一样出自本味。尤其适合在农村乡下，入旅店住宿来不及烹调的时候，白鸡片最为方便。煮时水不能放太多。

鸡　松

肥鸡一只，用两腿，去筋骨剁碎，不可伤皮。用鸡蛋清、粉纤、松子肉，同剁成块。如腿不敷用，添脯子肉[1]，切成方块，用香油灼黄，起放钵头内；加百花酒半斤、秋油一大杯、鸡油一铁勺，加冬笋、香蕈、姜、葱等；将所余鸡骨皮盖面，加水一大碗，下蒸笼蒸透，临吃去之。

【注释】

①脯子肉：胸脯肉。

【译文】

肥鸡一只，只用两只鸡腿，去骨剁碎，保留鸡皮完整。再用鸡蛋清、芡粉、松子仁与鸡肉一齐拌匀切块。如鸡腿肉不够用，可加一些鸡脯肉，也是切成方块。以香油灼黄起锅，放在碗内；加百花酒半斤、秋油一大杯、鸡油一铁勺，再加冬笋、香菇、姜、葱等；将剩下的鸡骨鸡皮盖在上面，加一大碗水，放在蒸笼里蒸透，吃的时候再把鸡骨鸡皮去掉。

生炮鸡

小雏鸡斩小方块，秋油、酒拌，临吃时拿起，放滚油内灼之，起锅又灼，连灼三回，盛起，用醋、酒、粉纤、葱花喷之。

【译文】

将小鸡斩成小方块，以秋油、酒拌匀，吃时拿起，把鸡块放进滚油内炸一下，起锅再炸，连续三次，盛起后，将醋、酒、芡粉、葱花浇在上面。

鸡粥

肥母鸡一只，用刀将两脯肉去皮细刮，或用刨刀亦可；只可刮刨，不可斩，斩之便不腻矣。再用余鸡熬汤下之。吃时加细米粉、火腿屑、松子肉，共敲碎放汤内。起锅时放葱、姜，浇鸡油，或去渣，或存渣，俱可。宜于老人。大概斩碎者去渣，刮刨者不去渣。

【译文】

以肥母鸡一只，用刀将两面鸡胸脯肉去皮细刮，或用刨刀也可以；只能是刮或刨，不能剁，剁了味道便不那么鲜厚。再用剩余的鸡熬汤。吃时加放细米粉、火腿屑、松子肉，将这些东西拍碎后放在汤内。起锅时放入葱、姜，浇上鸡油，去渣存渣均可。鸡粥适合给老人食用。一般鸡肉剁碎的就要去渣，鸡肉刮刨的就不用去渣。

焦鸡

肥母鸡洗净，整下锅煮。用猪油四两、茴香四个，煮成八分熟，再拿香油灼黄，还下原汤熬浓，用秋油、酒、整葱收起。临上片碎，并将原卤浇之，或拌蘸亦可。此杨中丞家法也。方辅兄家亦好。

【译文】

把老母鸡清洗干净，整鸡下锅煮。放入猪油四两、茴香四个，煮到八分熟，再放入锅中，以香油炸黄，放回原汤熬至浓稠，放入秋油、酒、整葱收汤至干起锅。临上菜时切片，并将原汤浇在鸡上面，或者蘸调料而食也可以。这是杨中丞家的做法。方辅兄家制作的也很不错。

捶　鸡

将整鸡捶碎，秋油、酒煮之。南京高南昌太守家，制之最精。

【译文】

将整只鸡捶碎，以秋油、酒烹煮。南京高南昌太守家所烹制的捶鸡做得最好。

炒鸡片

用鸡脯肉去皮，斩成薄片。用豆粉、麻油、秋油拌之，纤粉调之，鸡蛋清拌。临下锅加酱、瓜、姜、葱花末。须用极旺之火炒。一盘不过四两，火气才透。

【译文】

把鸡脯肉去皮，切斩成薄片。以豆粉、麻油、秋油拌匀，芡粉、鸡蛋清调拌。临下锅时加酱、瓜、姜、葱花末。用旺火猛炒。一盘用肉最好不要超过四两，菜肴才有足够火候。

蒸小鸡

用小嫩鸡雏，整放盘中，上加秋油、甜酒、香蕈、笋尖，饭锅上蒸之。

【译文】

把小嫩鸡雏，整只放入盘中，上加秋油、甜酒、香菇、笋尖，在饭锅上蒸食。

酱　鸡

生鸡一只，用清酱浸一昼夜，而风干之。此三冬菜也。

【译文】

活鸡一只，宰杀洗净后以清酱浸一日一夜，然后捞起风干。这是冬季的时令菜。

鸡　丁

取鸡脯子，切骰子小块，入滚油炮炒之，用秋油、酒收起；加荸荠丁、笋丁、香蕈丁拌之[1]。汤以黑色为佳。

【注释】

①荸荠（bíqí）：古称凫茈，又称乌芋。有些地区叫地栗、地梨、马蹄。多年生草本植物，种水田中。肉白色，可食。

【译文】

把鸡脯肉切成骰子般小块，放进滚油中爆炒，加秋油、酒起锅；加荸荠丁、笋丁、香菇丁配菜。汤以黑色为最佳。

鸡圆

斩鸡脯子肉为圆，如酒杯大，鲜嫩如虾团。扬州臧八太爷家，制之最精。法用猪油、萝卜、纤粉揉成，不可放馅。

【译文】

把鸡脯肉剁成肉酱制作鸡肉圆，做成如酒杯大小，鲜嫩如虾圆。扬州臧八太爷家制作的鸡圆最为精致。方法是以猪油、萝卜、芡粉搓揉鸡肉成圆，里面不放馅。

蘑菇煨鸡

口蘑菇四两[1]，开水泡去砂，用冷水漂，牙刷擦，再用清水漂四次；用菜油二两炮透，加酒喷。将鸡斩块放锅内，滚去沫，下甜酒、清酱，煨八分功程，下蘑菇，再煨二分功程，加笋、葱、椒起锅，不用水，加冰糖三钱。

【注释】

①口蘑菇：蘑菇的一种，据说张家口地区所产的最为著名，故称口蘑菇，是一种名贵的食用真菌。

【译文】

口蘑菇四两，以开水泡发去砂，用冷水漂，牙刷擦，再用清水漂洗四次；然后用菜油二两爆炒，加点酒。将鸡斩成块放入锅中滚煮，去沫，下甜酒、清酱煨煮，至八分熟时，下蘑菇，再煨至熟透，加笋、葱、椒后起锅，不用加水，加入三钱冰糖。

梨炒鸡

取雏鸡胸肉切片，先用猪油三两熬熟，炒三四次，加麻油一瓢，纤粉、盐花、姜汁、花椒末各一茶匙，再加雪梨薄片、香蕈小块，炒三四次起锅，盛五寸盘。

【译文】

取雏鸡胸脯肉切成片，先把猪油三两烧热，放鸡肉片快炒三四次，加麻油一瓢，芡粉、盐、姜汁、花椒碎末各一茶匙，再加雪梨薄片及香菇小块，炒三四次后起锅，以五寸盘盛上。

假野鸡卷

将脯子斩碎，用鸡子一个，调清酱郁之，将网油画碎，分包小包，油里炮透，再加清酱、酒作料，香蕈、木耳起锅，加糖一撮。

【译文】

将鸡胸脯肉切碎，打入鸡蛋一个，调入清酱腌浸，将网油划成若干块，分别把鸡肉包成几个小包，放进滚油中炸透，再加上清酱、酒作调料，以香菇、木耳拌入后起锅，加点糖。

黄芽菜炒鸡

将鸡切块，起油锅生炒透，酒滚二三十次，加秋油后滚二三十次，下水滚；将菜切块，俟鸡有七分熟，将菜下锅；再滚三分，加糖、葱、大料。其菜要另滚熟搀用。每一只用油四两。

【译文】

把鸡肉切成块，放进油锅炒透，加酒翻炒二三十次，再加秋油翻炒二三十次，加水烧开；将菜切块，待鸡有七成熟时，将菜下锅；滚至鸡完全熟，加入糖、葱、大料。其菜要另外煮熟才可掺用。每一只鸡用油四两。

栗子炒鸡

鸡斩块，用菜油二两炮，加酒一饭碗，秋油一小杯，水一饭碗，煨七分熟；先将栗子煮熟，同笋下之，再煨三分起锅，下糖一撮。

【译文】

把鸡斩成块，以菜油二两爆炒，加一碗酒，一小杯秋油，一碗水，煨七分熟；先将栗子煮熟，和笋一齐下锅，再把鸡煨熟后起锅，加一点糖。

灼八块

嫩鸡一只，斩八块，滚油炮透，去油，加清酱一杯、酒半斤，煨熟便起，不用水，用武火。

【译文】

嫩鸡一只，斩成八块，在滚油中炸透，去干油滴，加清酱一杯、酒半斤，煨熟便起，不用加水，以旺火烹烧。

珍珠团

熟鸡脯子，切黄豆大块，清酱、酒拌匀，用干面滚满，入锅炒。炒用素油。

【译文】

把煮熟的鸡胸脯肉，切成黄豆般大小，以清酱和酒拌匀，再放在干面粉中滚沾，放入油锅中炒。炒时用植物油。

黄芪蒸鸡治瘵①

取童鸡未曾生蛋者杀之，不见水，取出肚脏，塞黄芪一两②，架箸放锅内蒸之，四面封口，熟时取出。卤浓而鲜，可疗弱症。

【注释】

①瘵（zhài）：一般指痨病。

②黄芪（qí）：即黄耆。李时珍《本草纲目·草一·黄耆》："耆，长也。黄耆，色黄，为补药之长，故名。今俗通作黄芪。"

【译文】

杀一只没生过蛋的童子鸡，不要沾水，取出内脏，塞黄芪一两，架上筷子放在锅内蒸，四面密封严实，蒸熟后取出。汤汁浓鲜，可治疗体弱疾病。

卤　鸡

囫囵鸡一只，肚内塞葱三十条、茴香二钱，用酒一斤、秋油一小杯半，先滚一枝香，加水一斤、脂油二两，一齐同煨；待鸡熟，取出脂油。水要用熟水，收浓卤一饭碗，才取起；或拆碎，或薄刀片之，仍以原卤拌食。

【译文】

以整鸡一只，肚内塞入葱三十条、茴香二钱，用酒一斤、秋油一杯半，煮一枝香时间，加水一斤、脂油二两，一齐同煨；待鸡熟了，把脂油取出。水要用煮开的水，煮到浓浓的汤汁还有一碗左右，才把鸡取出；或拆碎，或用薄刀切片，再用原汤拌着吃。

蒋鸡

童子鸡一只，用盐四钱、酱油一匙、老酒半茶杯、姜三大片，放砂锅内，隔水蒸烂，去骨，不用水。蒋御史家法也[1]。

【注释】

①御史：官名。明清时期设监察御史，分道行使纠察之权。

【译文】

童子鸡一只，以盐四钱、酱油一匙、老酒半茶杯、姜三大片，放砂锅内，隔水蒸烂，去骨，内不加水。这是蒋御史家的烹制方法。

唐鸡

鸡一只，或二斤，或三斤。如用二斤者，用酒一饭碗、水三饭碗；用三斤者，酌添。先将鸡切块，用菜油二两，候滚熟，爆鸡要透；先用酒滚一二十滚，再下水约二三百滚；用秋油一酒杯；起锅时加白糖一钱。唐静涵家法也。

【译文】

选鸡一只，重二斤或三斤。如用二斤鸡者，用一碗酒、三碗水；用三斤鸡者，酌量添加酒和水。将鸡切块，用二两菜油烧滚，煎爆鸡块至透；先以酒煮滚一二十次，后再加水煮滚二三百次；加一酒杯秋油；起锅时加白糖一钱。

唐静涵家中的烹制方法。

鸡肝

用酒、醋喷炒，以嫩为贵。

【译文】

炒鸡肝以酒、醋爆炒，以嫩为好。

鸡血

取鸡血为条，加鸡汤、酱、醋、纤粉作羹，宜于老人。

【译文】

把鸡血凝固切条，加上鸡汤、酱、醋、芡粉制作羹，适合老人食用。

鸡丝

拆鸡为丝，秋油、芥末、醋拌之。此杭州菜也。加笋加芹俱可。用笋丝、秋油、酒炒之亦可。拌者用熟鸡，炒者用生鸡。

【译文】

把鸡肉切成丝，以秋油、芥末、醋拌食。这是杭州菜。加笋与芹菜也可以。用笋丝、秋油、酒炒吃也可以。拌食需用熟鸡，炒食者可用生鸡。

糟　鸡

糟鸡法，与糟肉同。

【译文】

糟鸡的制法与糟肉的制法相同。

鸡　肾

取鸡肾三十个，煮微熟，去皮，用鸡汤加作料煨之。鲜嫩绝伦。

【译文】

取鸡肾三十个，煮至微熟，剥去皮衣，用鸡汤加作料煨煮。鲜嫩无比。

鸡　蛋

鸡蛋去壳放碗中，将竹箸打一千回蒸之，绝嫩。凡蛋一煮而老，一千煮而反嫩。加茶叶煮者，以两炷香为度。蛋一百，用盐一两；五十，用盐五钱。加酱煨亦可。其他则或煎或炒俱可。斩碎黄雀蒸之，亦佳。

【译文】

把鸡蛋去壳打在碗中，用竹筷子打一千次，然后蒸吃，非常鲜嫩。蛋一煮就老，煮的时间长了反而变嫩。加茶叶煮，约煮两炷香的时间。一百只蛋，用盐一两；五十只蛋，用盐五钱。加酱煨煮也可以。其他或煎或炒都可以。与斩碎的黄雀肉一起蒸，也很好。

野鸡五法

野鸡披胸肉[1]，清酱郁过，以网油包放铁奁上烧之[2]。作方片可，作卷子亦可。此一法也。切片加作料炒，一法也。取胸肉作丁，一法也。当家鸡整煨，一法也。先用油灼拆丝，加酒、秋油、醋，同芹菜冷拌，一法也。生片其肉，入火锅中，登时便吃，亦一法也。其弊在肉嫩则味不入，味入则肉又老。

【注释】

①披：劈开，这里指片下。

②奁（lián）：盛物之器。

【译文】

野鸡片下鸡胸脯肉，以清酱腌浸，用网油包在铁奁上烧烤。可以包成方片，也可包成一卷。这是一种方法。或把鸡胸脯肉切成肉片，加作料炒，又是一种方法。或把鸡胸脯肉切成肉丁炒，也是一种方法。或把野鸡当成家鸡那样整只煨煮，又是一种方法。或用油灼熟，切成丝，加酒、秋油、醋，同芹菜冷拌，也是一种食法。或把野鸡肉切成片，放在火锅中，即吃，这也是一种食法。这种食法的弊病在于肉嫩则不够入味，入味则肉质变老。

赤炖肉鸡

赤炖肉鸡，洗切净，每一斤用好酒十二两、盐二钱五分、冰糖四钱，研酌加桂皮，同入砂锅中，文炭火煨之。倘酒将干，鸡肉尚未烂，每斤酌加清开水一茶杯。

【译文】

红炖肉鸡，先把鸡洗净切好，每一斤用十二两好酒、二钱五分盐、四钱冰糖，适量加一些桂皮末，一齐放入砂锅中，以慢炭火煨煮。倘若酒快煮干，而鸡肉尚未烂熟，每斤酌加清开水一茶杯。

蘑菇煨鸡

鸡肉一斤，甜酒一斤，盐三钱，冰糖四钱，蘑菇用新鲜不霉者，文火煨两枝线香为度①。不可用水，先煨鸡八分熟，再下蘑菇。

【注释】

①线香：用木屑加香料做成的细长而不带棒的香。

【译文】

以鸡肉一斤，甜酒一斤，盐三钱，冰糖四钱，选用新鲜不霉的蘑菇，慢火煨煮两炷线香的时间。不可加水，先将鸡煨至八分熟，才放入蘑菇。

鸽子

鸽子加好火腿同煨，甚佳。不用火肉，亦可。

【译文】

鸽子与好的火腿一齐煨煮，味道甚佳。不用火腿也可以。

鸽蛋

煨鸽蛋法，与煨鸡肾同。或煎食亦可，加微醋亦可。

【译文】

煨制鸽蛋与煨制鸡肾的方法一样。或者煎食也可以，也可加点醋。

野鸭

野鸭切厚片，秋油郁过，用两片雪梨，夹住炮炒之。苏州包道台家①，制法最精，今失传矣。用蒸家鸭法蒸之，亦可。

【注释】

①道台：清代省以下、府以上一级的官员，也称观察。

【译文】

野鸭肉切成厚片，用秋油腌制，以两片雪梨夹住肉煎炒。苏州包道台家所制的最好，今已失传。用蒸家鸭的方法蒸食也可以。

蒸　鸭

生肥鸭去骨，内用糯米一酒杯，火腿丁、大头菜丁、香蕈、笋丁、秋油、酒、小磨麻油、葱花，俱灌鸭肚内，外用鸡汤放盘中，隔水蒸透。此真定魏太守家法也[1]。

【注释】

①真定：在今河北正定。

【译文】

把肥鸭宰杀去骨，用一酒杯糯米，火腿丁、大头菜丁、香菇、笋丁、秋油、酒、小磨麻油、葱花，全部塞入鸭肚内，放在鸡汤盘中，隔水蒸透。这是真定魏太守家的烹制方法。

鸭糊涂

用肥鸭，白煮八分熟，冷定去骨，拆成天然不方不圆之块，下原汤内煨，加盐三钱、酒半斤，捶碎山药，同下锅作纤，临煨烂时，再加姜末、香蕈、葱花。如要浓汤，加放粉纤。以芋代山药亦妙。

【译文】

把肥鸭以白水煮至八分熟，冷却后去骨，切割成自然的不方不圆块状，放入原汤中煨煮，加三钱盐、半斤酒，把山药捶碎，一起放入锅中作芡，鸭肉快要烂熟时，再加上姜末、香菇、葱花。如要浓汤，还可加放淀粉勾芡。以芋头代替山药也很好。

卤鸭

不用水，用酒，煮鸭去骨，加作料食之。高要令杨公家法也①。

【注释】

①高要：在今广东。

【译文】

不用水而用酒煮鸭，鸭熟去骨，加作料而食。高要令杨公家中的烹制法。

鸭脯

用肥鸭，斩大方块，用酒半斤、秋油一杯、笋、香蕈、葱花闷之，收卤起锅。

【译文】

把肥鸭斩成大方块，用半斤酒、一杯秋油、笋、香菇、葱花焖煮，收汁起锅。

烧鸭

用雏鸭，上叉烧之。冯观察家厨最精。

【译文】

用小鸭，叉在铁叉上烧烤。冯观察家的厨师做得最好。

挂卤鸭

塞葱鸭腹，盖闷而烧。水西门许店最精。家中不能作。有黄、黑二色，黄者更妙。

【译文】

把葱塞入鸭腹，密盖焖烧。水西门许店最为擅长。一般人家中难以制作。有黄、黑二色，黄色的更好。

干蒸鸭

杭州商人何星举家干蒸鸭。将肥鸭一只，洗净斩八块，加甜酒、秋油，淹满鸭面，放磁罐中封好，置干锅中蒸之；用文炭火，不用水。临上时，其精肉皆烂如泥。以线香二枝为度。

【译文】

杭州商人何星举家所制干蒸鸭。将肥鸭一只，洗净斩八块，加甜酒、秋油，淹满鸭面，放在磁罐中封实，然后放在干锅中蒸；用文炭火蒸煮，不要加水。临上桌时，精肉皆烂如泥般。一般蒸约二枝线香时间。

野鸭团

细斩野鸭胸前肉，加猪油微纤，调揉成团，入鸡汤滚之。或用本鸭汤亦佳。太兴孔亲家制之[1]，甚精。

【注释】

①太兴：在今江苏泰兴。

【译文】

把野鸭胸脯肉剁极细，加入猪油芡粉，调匀成团，放在鸡汤中煮熟。或用鸭汤亦很好。太兴孔亲家制作的野鸭团最好。

徐鸭

顶大鲜鸭一只，用百花酒十二两、青盐一两二钱、滚水一汤碗，冲化去渣沫，再兑冷水七饭碗，鲜姜四厚片，约重一两，同入大瓦盖钵内，将皮纸封固口[1]，用大火笼烧透大炭吉三元（约二文一个）[2]；外用套包一个，将火笼罩定，不可令其走气。约早点时炖起，至晚方好。速则恐其不透，味便不佳矣。其炭吉烧透后，不宜更换瓦钵，亦不宜预先开看。鸭破开时，将清水洗后，用洁净无浆布拭干入钵。

【注释】

①皮纸：用桑树皮、楮树皮等制成的一种坚韧的纸。一般供制作雨伞之用。

②炭吉：一种燃料。

【译文】

选最大的新鲜鸭一只，用十二两百花酒、一两二钱青盐、开水一汤碗，冲化拌匀后去掉渣沫，再兑七碗冷水，四厚片鲜姜，约重一两，一齐放入大瓦盖钵内，以皮纸封密钵口，放在大火笼上烧，用二文钱一个的大炭吉十五个烧透；火笼外面用一个套包密封，不要让热气泄漏。约吃早饭时开始炖，直至晚上才炖好。时间短了恐怕炖不透，味道欠佳。炭吉烧透后，不要更换瓦钵，也不要预早开看。鸭子宰杀开膛时，以清水清洗好，用洁净无浆布把鸭子擦拭干净了，再放进瓦钵。

煨麻雀

取麻雀五十只，以清酱、甜酒煨之，熟后去爪脚，单取雀胸、头肉，连汤放盘中，甘鲜异常。其他鸟鹊俱可类推。但鲜者一时难得。薛生白常劝人:“勿食人间豢养之物。”以野禽味鲜，且易消化。

【译文】

取五十只麻雀，以清酱、甜酒煨煮，熟后去爪脚，单取雀胸、头肉，连汁放盘中，味道甘鲜。其他鸟类也可以用相同的方法烹制。但一般新鲜雀鸟一时很难取得。薛生白常劝人们:“不要吃人间豢养的动物。”认为野禽味道鲜美，且易消化。

煨鹌鹑、黄雀[①]

鹌鹑用六合来者最佳。有现成制好者。黄雀用苏州糟，加蜜酒煨烂，下作料，与煨麻雀同。苏州沈观察煨黄雀，并骨如泥，不知作何制法。炒鱼片亦精。其厨馔之精，合吴门推为第一[②]。

【注释】

①鹌鹑：体形似鸡，头小尾秃，羽毛赤褐色，杂有暗黄条纹。雄性好斗。肉、卵均可食，味美。六合：在今江苏南京。

②吴门：在今江苏苏州。

【译文】

鹌鹑用六合产的最好。有现成制好的。黄雀用苏州糟加蜜酒煨烂，放入作料，与煨麻雀的方法相同。苏州沈观察所制煨黄雀，骨酥如泥，不知道用什么方法烹制。他们家所炒鱼片也很好。其厨艺之精，全吴门可为第一。

云林鹅

《倪云林集》中[①]，载制鹅法。整鹅一只，洗净后，用盐三钱擦其腹内，塞葱一帚填实其中[②]，外将蜜拌酒通身满涂之。锅中一大碗酒、一大碗水蒸之，用竹箸架之，不使鹅身近水。灶内用山茅二束，缓缓烧尽为度。俟锅盖冷后，揭开锅盖，将鹅翻身，仍将锅盖封好蒸之，再用茅柴一束，烧尽为度；柴俟其自尽，不可挑拨。锅盖用绵纸糊封[③]，逼燥裂缝，以水润之。起锅时，不但鹅烂如泥，汤亦鲜美。以此法制鸭，味美亦同。每茅柴一束，重一斤八两。擦盐时，串入葱、椒末子，以酒和匀。《云林集》中，载食品甚多。只此一法，试之颇效，余俱附会。

【注释】

①倪云林：倪瓒，字元镇，号云林，元末著名画家，与黄公望、王蒙、吴镇并称为元季四大家。倪云林不仅善画山水，而且在烹饪上也颇有心得，曾著有元代重要的饮食著作《云林堂饮食制度集》，在中国饮食文化史上具有重要的影响。

②一帚：一小把。

③绵纸：以树木韧皮纤维制的纸，柔软而有韧性，纤维细长如绵，多用作鞭炮捻子。

【译文】

元朝倪瓒《云林集》中，记载了制鹅之法。全鹅一只，洗净后用盐三钱擦其腹内，然后塞一小把葱在其中，外面鹅身蜜拌酒遍涂之。锅中放一大碗酒与一大碗水蒸鹅，鹅身不要接触水，用竹筷子架起。灶内用山茅二束，慢慢烧光为止。待锅冷后，揭盖，将鹅翻身，仍将锅盖封好再蒸，再用一束茅柴烧之，烧光为止；等柴自然烧尽，不可挑拨。锅盖用绵纸糊封，如有温热干燥，产生裂缝，则用水湿润之。起锅时，不但鹅烂如泥，汤汁也鲜美。以此法烹制鸭，味美相同。每茅柴一束，重一斤八两。擦盐时，可掺入葱、椒粉末，以酒和匀。《云林集》中，所载食品甚多。只有这种食法，试过之后颇有效果，其余都是牵强附会。

烧鹅

杭州烧鹅，为人所笑，以其生也。不如家厨自烧为妙。

【译文】

杭州烧鹅，总是为人所笑，因为烧得似生不熟。不如家厨烧得好。

水族有鳞单

袁氏《水族有鳞单》主要是对有鳞鱼类的饮食烹饪作说明与介绍。

关于鱼类的选购，袁氏颇有心得。也有根据烹饪方式选购鱼品的介绍。

另一方面，鱼类饮食烹饪方法也是多种多样，包括蒸、糟、炒、煮、煎、溜、煨、腌等，也可制作鱼脯、鱼圆等。鱼类的烹饪制作，一是要注意烹饪时间，避免时间过长导致鲜鱼烹老而味变。二是要注意调味脱腥，使用较多葱、姜、酒、醋等调味品。

鱼皆去鳞，惟鲥鱼不去。我道有鳞而鱼形始全。作《水族有鳞单》。

【译文】

鱼皆需要去鳞，惟鲥鱼不用去鳞。我觉得鱼有鳞形状才算完整。因此作《水族有鳞单》。

边鱼

边鱼活者，加酒、秋油蒸之。玉色为度。一作呆白色，则肉老而味变矣。并须盖好，不可受锅盖上之水气。临起加香蕈、笋尖。或用酒煎亦佳；用酒不用水，号“假鲥鱼”。

【译文】

边鱼要选用活鲜的，加酒、秋油蒸之。蒸到呈玉色为好。如果蒸到呆白色，鱼肉则老而味道变了。蒸鱼时必须把锅盖好，不可让锅盖上的水汽滴到鱼上。差不多起锅时，加上香菇、笋尖。或用酒煎食也很好；用酒不用水，号称“假鲥鱼”。

鲫鱼

鲫鱼先要善买。择其扁身而带白色者，其肉嫩而松；熟后一提，肉即卸骨而下。黑脊浑身者，崛强槎丫，鱼中之喇子也[1]，断不可食。照边鱼蒸法，最佳。其次煎吃亦妙。拆肉下可以作羹。通州人能煨之[2]，骨尾俱酥，号“酥鱼”，利小儿食。然总不如蒸食之得真味也。六合龙池出者，愈大愈嫩，亦奇。蒸时用酒不用水，稍稍用糖以起其鲜。以鱼之小大，酌量秋油、酒之多寡。

【注释】

①喇子：地痞，靠敲诈勒索为生的游民。

②通州：在今江苏南通。

【译文】

鲫鱼首先必须善于选购。选择其扁身且带白色的，肉质鲜嫩且松；熟后提骨，鱼肉自然离骨脱落。黑脊圆身的，肉质僵硬多刺，鱼中之劣品，千万不要食用。蒸鱼如蒸边鱼法，最佳。其次煎食也不错。拆肉也可做羹。通州人最会煨炖鲫鱼，首尾俱稣，号“酥鱼”，小孩子吃最合适。但总不如蒸食之真味鲜美。六合龙池产的这种鱼，个头越大越嫩，令人惊奇。蒸时用酒不用水，稍稍放些糖可以提鲜。根据鱼之大小，酌量放秋油与酒。

白鱼

白鱼肉最细。用糟鲥鱼同蒸之，最佳。或冬日微腌，加酒酿糟二日，亦佳。余在江中得网起活者，用酒蒸食，美不可言。糟之最佳；不可太久，久则肉木矣。

【译文】

白鱼肉最细。把糟鲥鱼与之同蒸，味道最佳。或者在冬天，稍微腌一下，加酒糟酿两天，亦很好。我把江中刚网上来尚活的白鱼，以酒蒸食，美不可言。糟鱼食法最佳；但不要太久，太久则肉硬无味。

季　鱼

季鱼少骨，炒片最佳。炒者以片薄为贵。用秋油细郁后，用纤粉、蛋清搂之，入油锅炒，加作料炒之。油用素油。

【译文】

季鱼骨少，炒鱼片最好。炒时鱼片切得越薄越好。用秋油腌浸后，用芡粉、蛋清调拌，入油锅炒，再放作料。要用植物油。

土步鱼①

杭州以土步鱼为上品。而金陵人贱之，目为虎头蛇，可发一笑。肉最松嫩。煎之、煮之、蒸之俱可。加腌芥作汤、作羹，尤鲜。

【注释】

①土步鱼：学名沙鳢，是江南地区湖港河汊底层的小型鱼类。因其冬日伏于水底，附土而行，古籍中称之为土步鱼。

【译文】

杭州以土步鱼为上品。而金陵人都看不起这种鱼，视为虎头蛇，令人发笑。这种鱼肉最松嫩。可煎、可煮、可蒸。加进腌芥菜作汤、作羹，尤为鲜美。

鱼 松

用青鱼、鲆鱼蒸熟，将肉拆下，放油锅中灼之，黄色，加盐花、葱、椒、瓜、姜。冬日封瓶中，可以一月。

【译文】

将青鱼、鲆鱼蒸熟后，把肉拆下，放到油锅中炸，炸至金黄色，然后加入适量的盐、葱、椒、瓜、姜等。冬日封在瓶里，可以保存一个月。

鱼 圆

用白鱼、青鱼活者，剖半钉板上，用刀刮下肉，留刺在板上；将肉斩化，用豆粉、猪油拌，将手搅之；放微微盐水，不用清酱，加葱、姜汁作团。成后，放滚水中煮熟撩起，冷水养之，临吃入鸡汤、紫菜滚。

【译文】

把活的白鱼或青鱼，剖成两半，钉在板上，用刀刮下鱼肉，刺则留在板上；把鱼肉剁成碎末，用豆粉、猪油拌匀，以手搅拌；放一点盐水，不用清酱，加葱、姜汁后制作成团。再放入滚水中煮熟捞起，放进冷水中存放，临吃时，以鸡汤、紫菜烧滚便可。

鱼　片

取青鱼、季鱼片，秋油郁之，加纤粉、蛋清，起油锅炮炒，用小盘盛起，加葱、椒、瓜、姜，极多不过六两，太多则火气不透。

【译文】

把青鱼、季鱼片，以秋油腌浸，加芡粉、蛋清拌匀，放入滚热油锅中爆炒，用小盘盛起，加葱、椒、瓜、姜等，鱼片最多不能超过六两，太多则火气难透。

连鱼豆腐

用大连鱼煎熟，加豆腐，喷酱、水、葱、酒滚之，俟汤色半红起锅，其头味尤美。此杭州菜也。用酱多少，须相鱼而行。

【译文】

把大连鱼煎熟，加豆腐，放入酱、水、葱、酒等烧煮，待到汤色半红时即可起锅，其鱼头的味道特别鲜美。这是杭州菜。用酱多少，必须根据鱼体大小而定。

醋搂鱼

用活青鱼切大块，油灼之，加酱、醋、酒喷之，汤多为妙。俟熟即速起锅。此物杭州西湖上五柳居最有名。而今则酱臭而鱼败矣。甚矣！宋嫂鱼羹[①]，徒存虚名。《梦粱录》不足信也[②]。鱼不可大，大则味不入；不可小，小则刺多。

【注释】

①宋嫂鱼羹：是起源于南宋的一道菜。据宋人周密《武林旧事》所载，南宋临安宋五嫂所卖鱼羹，受到宋高宗赏识，声名大震，成了驰名京城的名肴。

②《梦粱录》：南宋吴自牧所著的一部关于南宋临安社会状况、城市社会风貌的重要著作。

【译文】

把鲜活青鱼切成大块，以油煎炸，加酱、醋、酒等调料，以汤汁多为好。待鱼熟即迅速起锅。这种菜以杭州西湖五柳居所制作的最为著名。如今都因酱臭而鱼也破败了。实在太可惜！宋嫂鱼羹，也是空有其名。《梦粱录》所载不足信。鱼不可过大，大则不易入味；不可太小，太小鱼刺多。

银　鱼

银鱼起水时，名冰鲜。加鸡汤、火腿汤煨之。或炒食甚嫩。干者泡软，用酱水炒亦妙。

【译文】

银鱼起水时，名叫冰鲜。以鸡汤或火腿汤煨煮。或炒着吃，更为鲜嫩。干银鱼要先泡软，再用酱水炒也很好。

台鲞

台鲞好丑不一。出台州松门者为佳，肉软而鲜肥。生时拆之，便可当作小菜，不必煮食也；用鲜肉同煨，须肉烂时放鲞。否则，鲞消化不见矣。冻之即为鲞冻。绍兴人法也。

【译文】

台鲞质量高低不一。台州松门出产的最好，肉质柔软而鲜肥。生时把肉拆下，就可以当成小菜，不必煮熟而吃；与鲜肉一起煨煮时，必须等肉烂时才放入鲞。否则，鲞会煨化无形。熟后冷冻即为鲞冻。这是绍兴人的做法。

糟鲞

冬日用大鲤鱼，腌而干之，入酒糟，置坛中，封口。夏日食之。不可烧酒作泡。用烧酒者，不无辣味。

【译文】

冬天把大鲤鱼腌过后风干，然后用酒糟腌放在缸中，密封。到夏天可食。不能用烧酒泡发，会产生辣味。

虾子勒鲞[1]

夏日选白净带子勒鲞，放水中一日，泡去盐味，太阳晒干。入锅油煎，一面黄取起，以一面未黄者铺上虾子，放盘中，加白糖蒸之，以一炷香为度。三伏日食之绝妙[2]。

【注释】

①勒：即鳓鱼，近海洄游在中上层的鱼类。

②三伏：农历夏至后第三庚日起为初伏，第四庚日起为中伏，至秋后第一庚日起为末伏。三伏是一年中最热的时候。

【译文】

夏天选用白净带子鳓鱼干，放水中泡一日，去掉咸味，让太阳晒干。然后入锅中以油煎食，将一面煎黄取出，在没黄的一面铺上虾子，放在盘上，加白糖蒸一炷香的时间。三伏天食用绝佳。

鱼　脯

活青鱼去头尾，斩小方块，盐腌透，风干，入锅油煎；加作料收卤，再炒芝麻滚拌起锅。苏州法也。

【译文】

把活青鱼斩头去尾，切成小方块，以盐腌透后风干，放入油锅中煎；加作料收卤，再加上炒芝麻滚拌起锅。这是苏州的烹制方法。

家常煎鱼

家常煎鱼，须要耐性。将鲜鱼洗净，切块盐腌，压扁，入油中两面熯黄[①]，多加酒、秋油，文火慢慢滚之，然后收汤作卤，使作料之味全入鱼中。第此法指鱼之不活者而言[②]。如活者，又以速起锅为妙。

【注释】

①熯（hàn）：用极少的油煎。

②第：但，且。

【译文】

家常煎鱼，必须有耐性。将鲜鱼洗干净，切成块以盐腌，压扁，然后放入油中将鱼两面煎黄，多加酒、秋油，慢火慢慢炖熟，然后收干汤汁作卤，使作料之味全入鱼中。但此方法是对那些不新鲜鱼的处理。若新鲜鱼，则迅速起锅为好。

黄姑鱼

岳州出小鱼[①]，长二三寸，晒干寄来。加酒剥皮，放饭锅上，蒸而食之，味最鲜，号“黄姑鱼”。

【注释】

①岳州：在今湖南岳阳。

【译文】

岳州出产的小鱼，二三寸长，有人晒干寄来。把它剥皮，加酒调味，放在饭锅上蒸食，味道最为鲜美，叫做“黄姑鱼”。

水族无鳞单

袁氏《水族无鳞单》，主要介绍无鳞鱼类的饮食烹调方法。无鳞鱼与有鳞鱼相比，一般不饱和脂肪含量较低，而胆固醇含量较高。对于老年人或心脏血管状况欠佳之人，较适宜吃用有鳞鱼。而对于一般人，如果不是出于某些宗教的禁忌，则可根据个人喜好而选择不同的鱼类烹制品尝。

袁氏认为无鳞鱼腥气较重，必须加大调味品的应用。而且烹饪制作，火候大小，调味时机，至为重要。

袁氏本单中所介绍的无鳞鱼类品种并不多，主要以鳗、甲鱼、鳝为主，还有相关虾、蟹、贝壳类食品以及青蛙等食品的介绍。饮食烹饪方式，也具有多样性。食物原料选购制作也颇多技术要求。这些都是烹饪实践中的经验总结。

鱼无鳞者，其腥加倍，须加意烹饪；以姜、桂胜之。作《水族无鳞单》。

【译文】

没有鳞的鱼，腥气特别严重，必须以特别方法烹调；可用姜、桂压住腥味。作《水族无鳞单》。

汤鳗

鳗鱼最忌出骨。因此物性本腥重，不可过于摆布，失其天真，犹鲥鱼之不可去鳞也。清煨者，以河鳗一条，洗去滑涎，斩寸为段，入磁罐中，用酒水煨烂，下秋油起锅，加冬腌新芥菜作汤，重用葱、姜之类，以杀其腥。常熟顾比部家[①]，用纤粉、山药干煨，亦妙。或加作料，直置盘中蒸之，不用水。家致华分司蒸鳗最佳[②]。秋油、酒四六兑，务使汤浮于本身。起笼时，尤要恰好，迟则皮皱味失。

【注释】

①比部：古代官署名。三国魏始设，为尚书的一个办事机关。后几代因之。隋、唐、宋属刑部，元以后废。其长官，三国魏以下为比部曹，隋初为比部侍郎，后改称比部郎；唐宋为比部郎中及员外郎。其职原掌稽核簿籍，后变为刑部所属四司之一。

②分司：官名。明清时管理盐务的有关官员。

【译文】

鳗鱼最忌剔出骨头烹制。因为这种鱼腥味特重，不能太随意烹调，而失去它的天性真味，就像鲥鱼不可去鳞一样。清煨河鳗，应先洗去其身上的粘液，切成一寸左右的段，放入瓷罐中，加酒水煨烂，然后下秋油起锅，加冬天新腌芥菜做汤，多用葱、姜作料，消除腥气。常熟顾比部家，用芡粉、山药干煨，也很好。或者加作料，把鳗鱼放在盘中蒸，不加水。家致华分司蒸的鳗鱼最佳。用秋油、酒四六比例相混合，但一定要使汤盖过鱼身。起锅时要恰到好处，迟了鱼皮就会起皱，味道也会失真。

红煨鳗

鳗鱼用酒、水煨烂，加甜酱代秋油，入锅收汤煨干，加茴香、大料起锅。有三病宜戒者：一皮有皱纹，皮便不酥；一肉散碗中，箸夹不起；一早下盐豉，入口不化。扬州朱分司家，制之最精。大抵红煨者以干为贵，使卤味收入鳗肉中。

【译文】

鳗鱼用酒、水煨到熟烂，用甜酱代替秋油，锅中汤汁煨干，再加茴香、大料便可起锅。有三种弊病应该注意戒除：一是鱼皮起皱，皮则不酥；一是肉散落碗中，筷子难夹；三是盐豉早下，鱼肉入口不化。扬州朱分司家所制作的最好。大体上红煨鳗鱼以汤汁收干为好，使卤味收入鳗鱼肉中。

炸鳗

择鳗鱼大者，去首尾，寸断之。先用麻油炸熟，取起；另将鲜蒿菜嫩尖入锅中，仍用原油炒透，即以鳗鱼平铺菜上，加作料，煨一炷香。蒿菜分量，较鱼减半。

【译文】

选择较大的鳗鱼，斩头去尾，切成一寸左右的段。先用麻油炸熟，取起；再把鲜蒿嫩尖放入锅中，用原油炒透，将鳗鱼平铺菜上，加作料，煨煮一炷香左右的时间。蒿菜分量，比鱼肉少一半左右。

生炒甲鱼

将甲鱼去骨，用麻油炮炒之，加秋油一杯、鸡汁一杯。此真定魏太守家法也。

【译文】

把甲鱼骨头去掉，用麻油爆炒之，加入一杯秋油、一杯鸡汁。这是真定魏太守家的烹制方法。

酱炒甲鱼

将甲鱼煮半熟，去骨，起油锅炮炒，加酱水、葱、椒，收汤成卤，然后起锅。此杭州法也。

【译文】

将甲鱼煮至半熟，去骨，然后起油锅爆炒，加酱水、葱、椒，汤干成卤起锅。这是杭州人的做法。

带骨甲鱼

要一个半斤重者，斩四块，加脂油三两，起油锅煎两面黄，加水、秋油、酒煨；先武火，后文火，至八分熟加蒜，起锅用葱、姜、糖。甲鱼宜小不宜大，俗号“童子脚鱼”才嫩。

【译文】

选择一只半斤重的甲鱼，斩成四块，在锅中加三两猪油，将甲鱼块煎至两面金黄，加水、秋油、酒煨煮；先旺火，后慢火，至八分熟时，再加蒜，起锅时再放葱、姜、糖。甲鱼宜小不宜大，俗称“童子脚鱼”的才鲜嫩。

青盐甲鱼

斩四块，起油锅炮透。每甲鱼一斤，用酒四两、大茴香三钱、盐一钱半，煨至半好，下脂油二两，切小豆块再煨，加蒜头、笋尖，起时用葱、椒，或用秋油，则不用盐。此苏州唐静涵家法。甲鱼大则老，小则腥，须买其中样者。

【译文】

把甲鱼斩成四块，起油锅炸透。每甲鱼一斤，用四两酒、三钱大茴香、一钱半盐，煨至半熟时，加入二两猪油，把甲鱼切成小块再煨煮，加蒜头、笋尖，起时用葱、椒，或用秋油，不用盐。这是苏州唐静涵家中烹制法。甲鱼大则肉老，小则腥气重，要买中等大小者为好。

汤煨甲鱼

将甲鱼白煮，去骨拆碎，用鸡汤、秋油、酒煨汤二碗，收至一碗，起锅，用葱、椒、姜末糁之。吴竹屿家制之最佳。微用纤，才得汤腻。

【译文】

将甲鱼在白水中煮熟，去骨拆肉，用鸡汤、秋油、酒煨煮，把二碗汤煮成一碗汤，起锅，加上葱、椒、姜末等。吴竹屿家烹制的最好。稍加点芡粉，能使汤更为浓腻。

全壳甲鱼

山东杨参将家①，制甲鱼去首尾，取肉及裙，加作料煨好，仍以原壳覆之。每宴客，一客之前以小盘献一甲鱼。见者悚然，犹虑其动。惜未传其法。

【注释】

①参将：旧武官名。明置，位居总兵之下。清因之，位次副将。

【译文】

山东杨参将家，所制甲鱼去头去尾，只取甲鱼肉及裙，加作料煨好后，仍以甲鱼壳覆盖。每次宴客，每个客人面前都以小盘摆上一只甲鱼。客人乍见，都大吃一惊，还担心它会动。可惜制作方法没有流传。

鳝丝羹

鳝鱼煮半熟，划丝去骨，加酒、秋油煨之，微用纤粉，用真金菜、冬瓜、长葱为羹。南京厨者辄制鳝为炭，殊不可解。

【译文】

把鳝鱼煮至半熟，去骨切丝，加酒、秋油煨煮，稍用芡粉，用真金菜、冬瓜、长葱制成羹。南京厨师往往把鳝鱼烧制如木炭，实在令人费解。

炒　鳝

拆鳝丝炒之，略焦，如炒肉鸡之法，不可用水。

【译文】

把鳝鱼肉切成丝炒，炒至略焦，如炒鸡肉的方法一样，不可加水。

段　鳝

切鳝以寸为段，照煨鳗法煨之。或先用油炙，使坚，再以冬瓜、鲜笋、香蕈作配，微用酱水，重用姜汁。

【译文】

把鳝鱼切成一寸左右的段，按照煨鳗鱼的方法炮制。或先用油煎炸，使它变硬，再放冬瓜、鲜笋、香菇配料，放少许酱水，多用姜汁。

虾圆

虾圆照鱼圆法。鸡汤煨之，干炒亦可。大概捶虾时，不宜过细，恐失真味。鱼圆亦然。或竟剥虾肉，以紫菜拌之，亦佳。

【译文】

制作虾圆，可参照鱼圆的制作方法。用鸡汤煨，或者干炒亦可。注意捶虾时不能过细，以免失去虾的真味。鱼圆也是一样。也可以直接剥出虾肉，以紫菜拌食，也很好。

虾饼

以虾捶烂，团而煎之，即为虾饼。

【译文】

把虾捶烂，捏成团煎之，就成了虾饼。

醉虾

带壳用酒炙黄捞起，加清酱、米醋煨之，用碗闷之。临食放盘中，其壳俱酥。

【译文】

把带壳的虾以酒煎黄后捞起，加清酱、米醋煨煮，盛起用碗焖着。临食放盘中，虾壳也酥了。

炒　虾

炒虾照炒鱼法，可用韭配。或加冬腌芥菜，则不可用韭矣。有捶扁其尾单炒者，亦觉新异。

【译文】

炒虾可参照炒鱼方法，也可用韭菜作配料。如加上冬腌芥菜，就不可用韭菜。也有人把虾尾拍扁后单炒，亦觉新奇。

蟹

蟹宜独食，不宜搭配他物。最好以淡盐汤煮熟，自剥自食为妙。蒸者味虽全，而失之太淡。

【译文】

蟹适合单独烹食，不宜和其他食物搭配。以淡盐水煮熟，自剥自食最好。蒸食味道虽然全面，但味道总是太淡。

蟹　羹

剥蟹为羹，即用原汤煨之，不加鸡汁，独用为妙。见俗厨从中加鸭舌，或鱼翅，或海参者，徒夺其味，而惹其腥恶，劣极矣！

【译文】

剥取蟹肉作羹，最好用原汤煮，不加鸡汁，单独烹制为好。曾见一些低俗的厨师从中加入鸭舌，或鱼翅，或海参等，不仅夺去了蟹的鲜味，而且惹上了别的腥味，恶劣之极！

炒蟹粉

以现剥现炒之蟹为佳。过两个时辰，则肉干而味失。

【译文】

炒蟹粉以现剥现炒为好。过两个时辰，则蟹肉变干而失去美味。

剥壳蒸蟹

将蟹剥壳，取肉、取黄，仍置壳中，放五六只在生鸡蛋上蒸之。上桌时完然一蟹，惟去爪脚。比炒蟹粉觉有新色。杨兰坡明府，以南瓜肉拌蟹，颇奇。

【译文】

将蟹剥壳后，把蟹肉、蟹黄取出，仍放回蟹壳中，放五六只在生鸡蛋上面蒸。上菜时像完整的蟹，只是缺了脚爪。比炒蟹粉还有特色。杨兰坡明府，以南瓜肉拌蟹，十分新奇。

蛤蜊

剥蛤蜊肉，加韭菜炒之佳。或为汤亦可。起迟便枯。

【译文】

剥下蛤蜊肉，加韭菜炒甚好。做汤也可以。起锅迟则变老。

蚶

蚶有三吃法。用热水喷之，半熟去盖，加酒、秋油醉之；或用鸡汤滚熟，去盖入汤；或全去其盖，作羹亦可。但宜速起，迟则肉枯。蚶出奉化县[①]，品在车螯、蛤蜊之上[②]。

【注释】

①奉化：今浙江奉化。

②车螯（áo）：海产软体动物，蛤类，肉可食。

【译文】

蚶有三种食法。或用热水烫一下，半熟时去盖，加酒、秋油制成醉蚶；或用鸡汤煮熟，去盖入汤；或全剥去盖，取肉作羹也可以。烹煮时要迅速起锅，迟则肉老。蚶产于奉化县，品质在车螯、蛤蜊之上。

车螯

先将五花肉切片，用作料闷烂。将车螯洗净，麻油炒，仍将肉片连卤烹之。秋油要重些，方得有味。加豆腐亦可。车螯从扬州来，虑坏则取壳中肉，置猪油中，可以远行。有晒为干者，亦佳。入鸡汤烹之，味在蛏干之上。捶烂车螯作饼，如虾饼样，煎吃加作料亦佳。

【译文】

先把五花肉切成片，加作料焖烂。将车螯洗干净，用麻油炒，再将肉片连同卤汁一齐与车螯同煮。多放秋油，这样才有味道。加上一些豆腐也可以。车螯从扬州运来，担心变质，也可取出壳中之肉，放在猪油里，就可以运到较远的地方。也有晒成干品的，也很好。把车螯放入鸡汤烹煮，味道比蛏干还好。把车螯捶烂制成饼，如虾饼那样煎制，加上作料也很不错。

程泽弓蛏干

程泽弓商人家制蛏干，用冷水泡一日，滚水煮两日，撤汤五次。一寸之干，发开有二寸，如鲜蛏一般，才入鸡汤煨之。扬州人学之，俱不能及。

【译文】

程泽弓商人家所制的蛸干，用冷水泡一日，再用开水煮两天，其间换水五次。一寸长的蛏干可以发到二寸长，看上去如鲜蛏一样，然后放入鸡汤里煨煮。扬州人学习这种烹制法，但都比不上程家做得好。

鲜蛏

烹蛏法与车螯同。单炒亦可。何春巢家蛏汤豆腐之妙，竟成绝品。

【译文】

烹制蛏子的方法与烹制车螯一样。单独炒食也可以。何春巢家所烹制的蛏汤豆腐非常好，可谓极品。

水鸡[1]

水鸡去身用腿，先用油灼之，加秋油、甜酒、瓜、姜起锅。或拆肉炒之，味与鸡相似。

【注释】

①水鸡：即青蛙。

【译文】

把青蛙去掉身子，只用蛙腿，先用油炒，加秋油、甜酒、瓜、姜起锅。或拆取青蛙肉炒食，味道与鸡肉相似。

熏蛋

将鸡蛋加作料煨好，微微熏干，切片放盘中，可以佐膳。

【译文】

将鸡蛋加上作料煨熟，稍稍熏干，切成片放在盘中，可以佐膳。

茶叶蛋

鸡蛋百个，用盐一两、粗茶叶煮两枝线香为度。如蛋五十个，只用五钱盐，照数加减。可作点心。

【译文】

一百个鸡蛋，用盐一两、粗茶叶煮两支线香的时间。如果是五十个鸡蛋，只用五钱盐，按照这个比例加减。茶叶蛋可用作点心。

杂素菜单

素菜类食品也是中国重要的饮食流派，通常指用豆制品、蔬菜、菌类、笋类、藻类及干鲜果品等植物原料烹制的菜肴。

袁氏《杂素菜单》中，其素菜饮食烹饪制作，十分讲究。

首先，其素菜体现了宫廷素菜特色。如“蒋侍郎豆腐”、“杨中丞豆腐”等。“王太守八宝豆腐”中更表明是御赐宫廷食方。其素菜制作，多以动物油烹制，或荤素结合。

其次，素菜饮食烹制，也可以多种烹饪方式炮制。袁氏本单中，就包括煮、炒、羹等多种方式，也可作冷拌小食。有些素食食品，色香味形俱备，表现了较高的烹饪技术。

最后，袁氏本单中也反映了当时素菜食用范围广泛。不仅有人工种植加工的素菜食品，也有野生素菜入馔。如“蕨菜”、“珍珠菜”等，一般是属于山地野生植物。

菜有荤素，犹衣有表里也。富贵之人，嗜素甚于嗜荤。作《素菜单》。

【译文】

菜有荤有素，犹如衣服有表有里。富贵人家，喜欢吃素胜于吃荤。因而作《素菜单》。

蒋侍郎豆腐

豆腐两面去皮，每块切成十六片，晾干；用猪油熬，清烟起才下豆腐，略洒盐花一撮，翻身后，用好甜酒一茶杯，大虾米一百二十个；如无大虾米，用小虾米三百个；先将虾米滚泡一个时辰，秋油一小杯，再滚一回，加糖一撮，再滚一回，用细葱半寸许长，一百二十段，缓缓起锅。

【译文】

把豆腐两面去皮，每块切成十六片，晾干。以猪油起油锅，烧至起青烟时把豆腐放入锅中，略洒小撮盐花，再把豆腐翻身，用一杯好甜酒，一百二十个大虾米；如果没有大虾米，可用三百个小虾米；先把虾米滚泡一个时辰，加秋油一小杯，再滚一回，加糖一撮，再滚一回，把细葱切成半寸左右，共一百二十段放入锅中，之后慢慢起锅。

杨中丞豆腐

用嫩豆腐，煮去豆气，入鸡汤，同鳆鱼片滚数刻，加糟油、香蕈起锅。鸡汁须浓，鱼片要薄。

【译文】

把嫩豆腐煮去豆气，放进鸡汤中，同鳆鱼片一齐滚煮一会，再加糟油、香菇起锅。鸡汁要浓厚，鳆鱼片要切薄。

张恺豆腐

将虾米捣碎，入豆腐中，起油锅，加作料干炒。

【译文】

将虾米捣碎放入豆腐中，起油锅，加作料干炒。

庆元豆腐

将豆豉一茶杯，水泡烂，入豆腐同炒起锅。

【译文】

将一茶杯豆豉，用水泡烂，放入豆腐中同炒起锅。

芙蓉豆腐

用腐脑[①]，放井水泡三次，去豆气，入鸡汤中滚，起锅时加紫菜、虾肉。

【注释】

①腐脑：即豆腐脑。

【译文】

把豆腐脑放在井水中泡三次，去除豆腥气，放入鸡汤中滚煮，起锅时加紫菜、虾肉。

王太守八宝豆腐

用嫩片切粉碎，加香蕈屑、蘑菇屑、松子仁屑、瓜子仁屑、鸡屑、火腿屑，同入浓鸡汁中，炒滚起锅。用腐脑亦可。用瓢不用箸。孟亭太守云："此圣祖赐徐健庵尚书方也①。尚书取方时，御膳房费一千两。"太守之祖楼村先生，为尚书门生，故得之。

【注释】

①圣祖：即康熙皇帝。

【译文】

把嫩片豆腐切碎，加香菇屑、蘑菇屑、松子仁屑、瓜子仁屑、鸡屑、火腿屑，同入浓鸡汁中，炒滚起锅。用豆腐脑制作也可以。吃时用瓢不用筷。孟亭太守说："这是圣祖康熙皇帝赐给徐健庵尚书的食方。尚书取方时，支付了御膳房一千两银子。"太守祖父楼村先生，是尚书的学生，因此得到此食谱。

程立万豆腐

乾隆廿三年，同金寿门在扬州程立万家食煎豆腐①，精绝无双。其腐两面黄干，无丝毫卤汁，微有车螯鲜味。然盘中并无车螯及他杂物也。次日告查宣门[2]，查曰："我能之！我当特请。"已而，同杭董莆同食于查家，则上箸大笑，乃纯是鸡、雀脑为之，并非真豆腐，肥腻难耐矣。其费十倍于程，而味远不及也。惜其时余以妹丧急归，不及向程求方。程逾年亡。至今悔之。仍存其名，以俟再访。

【注释】

①寿门：官名。掌管城门启闭。

②宣门：官名。掌管城门启闭。

【译文】

乾隆二十三年，和金寿门在扬州程立万家吃煎豆腐，味道精绝无双。其豆腐两面黄干，没有丝毫卤汁，有点车螯鲜味。但是盘中并没有车螯及其他食物。第二天告诉查宣门，查说："我可以做这道菜，并请你们品尝。"不久，与杭董莆一齐到查家吃饭，一起筷令人大笑，原来却是用鸡、雀脑制作，并不是真的豆腐，肥腻难当。其花费也十倍于程家所制之豆腐，而味道却远远不及。可惜当时我的妹妹死了，急于回家奔丧，来不及向程家请教制作方法。程氏过了一年也死了。至今后悔。只能保留这个菜的名称了，等有机会再寻访这一食方。

冻豆腐

将豆腐冻一夜，切方块，滚去豆味，加鸡汤汁、火腿汁、肉汁煨之。上桌时，撤去鸡、火腿之类，单留香蕈、冬笋。豆腐煨久则松，面起蜂窝，如冻腐矣。故炒腐宜嫩，煨者宜老。家致华分司，用蘑菇煮豆腐，虽夏月亦照冻腐之法，甚佳。切不可加荤汤，致失清味。

【译文】

把豆腐冷冻一夜，切成方块，水煮滚去豆腥味，加入鸡汤汁、火腿汁、肉汁一齐煨煮。上菜时，撤去鸡、火腿之类，只留下香菇、冬笋。豆腐煨煮时间长了则松，表面起蜂窝，如冻豆腐一样。因此，炒豆腐要嫩，煨豆腐要老。家致华分司，用蘑菇煮豆腐，即使夏天也用冻豆腐的方法制作，也很好。千万不能加入荤汤，否则失去清香味。

虾油豆腐

取陈虾油，代清酱炒豆腐。须两面熯黄。油锅要热，用猪油、葱、椒。

【译文】

以陈年虾油代替清酱，煎炒豆腐。须把豆腐煎至两面发黄。油锅要热，加猪油、葱、椒。

蓬蒿菜

取蒿尖，用油灼瘪，放鸡汤中滚之，起时加松菌百枚[①]。

【注释】

①松菌：菇的一种，生长在松树林中，可供食用。

【译文】

将蓬蒿菜嫩尖用油炒瘪，放入鸡汤中滚煮，起锅时加进一百个松菌。

蕨菜

用蕨菜，不可爱惜，须尽去其枝叶，单取直根，洗净煨烂，再用鸡肉汤煨。必买矮弱者才肥。

【译文】

使用蕨菜时，不要舍不得，必须把老枝尽量去掉，只留下嫩叶直根，洗干净煨熟，再用鸡肉汤煨煮。选买矮杆的蕨菜才肥嫩。

葛仙米①

将米细检淘净，煮半烂，用鸡汤、火腿汤煨。临上时，要只见米，不见鸡肉、火腿搀和才佳。此物陶方伯家，制之最精。

【注释】

①葛仙米：即地耳，属于水生藻类植物。相传东晋道家葛洪以此献给皇帝，太子食后病除体壮，皇帝赐名葛仙米。

【译文】

将葛仙米仔细清洗干净，煮至半烂时，再用鸡汤、火腿汤煨煮。上菜时，只见葛仙米，不见鸡肉、火腿为最好。陶方伯家所烹制的葛仙米最为精妙。

羊肚菜[1]

羊肚菜出湖北。食法与葛仙米同。

【注释】

①羊肚菜：即羊肚菌，表面呈蜂窝状，酷似羊肚，故名。

【译文】

羊肚菜产自湖北。食法与葛仙米一样。

石　发[1]

制法与葛仙米同。夏日用麻油、醋、秋油拌之，亦佳。

【注释】

①石发：生在水边石上的苔藻。

【译文】

石发烹制与葛仙米相同。夏天以麻油、醋、秋油拌食，也好。

珍珠菜

制法与蕨菜同。上江新安所出。

【译文】

珍珠菜的制作方法与蕨菜相同。新安江上游所产。

素烧鹅

煮烂山药，切寸为段，腐皮包，入油煎之，加秋油、酒、糖、瓜、姜，以色红为度。

【译文】

煮烂山药，切成一寸长短的段，用豆腐皮包裹，在油锅中煎炸，然后加入秋油、酒、糖、瓜、姜等，烧煮至颜色红亮为度。

韭

韭，荤物也。专取韭白，加虾米炒之便佳。或用鲜虾亦可，蚬亦可[1]，肉亦可。

【注释】

①蚬（xiǎn）：软体动物，介壳圆形，肉可食。

【译文】

韭菜，属于荤菜。只用韭白，加上虾米炒就很好。也可以用鲜虾搭配，蚬和猪肉都可以。

芹

芹，素物也，愈肥愈妙。取白根炒之，加笋，以熟为度。今人有以炒肉者，清浊不伦。不熟者，虽脆无味。或生拌野鸡，又当别论。

【译文】

芹菜，属于素菜，越肥壮越好。选取白根炒之，加上笋，以熟为好。现在有人以芹菜炒肉，清浊不分，不伦不类。炒不熟者，虽脆无味。或有生拌野鸡而食，则又当别论。

豆 芽

豆芽柔脆，余颇爱之。炒须熟烂，作料之味，才能融洽。可配燕窝，以柔配柔，以白配白故也。然以极贱而陪极贵，人多嗤之。不知惟巢、由正可陪尧、舜耳[①]。

【注释】

①巢、由：指巢父与许由，古代隐士，相传尧要把君位让给他们，他们都隐居不受。尧、舜：唐尧和虞舜，远古部落联盟首领，后多作为圣君典范。

【译文】

豆芽柔脆，我很喜欢。炒时一定要熟烂，作料之味才能融进菜中。豆芽可以配燕窝，以柔配柔，以白配白之故。然以极便宜的东西配极昂贵的东西，人们多讥笑这种搭配。殊不知只有巢父、许由这样的隐士可以陪伴尧、舜这样的君主。

茭白

茭白炒肉、炒鸡俱可。切整段，酱、醋炙之，尤佳。煨肉亦佳。须切片，以寸为度。初出太细者无味。

【译文】

用茭白炒肉、炒鸡都可以。把茭白切成段，以酱、醋清炒，味道特别好。茭白煨肉亦不错。但必须切成片，以一寸大小为标准。刚长出太细嫩的茭白没有味道。

青菜

青菜择嫩者，笋炒之。夏日芥末拌，加微醋，可以醒胃。加火腿片，可以作汤。亦须现拔者才软。

【译文】

选择嫩青菜，与笋同炒。夏日以芥末拌，加点醋，可以开胃。也可以加火腿片做汤。也必须是现割的青菜才软嫩。

台菜

炒台菜心最懦[①]，剥去外皮，入蘑菇、新笋作汤。炒食加虾肉，亦佳。

【注释】

①懦（nuò）：柔软，这里指柔嫩。

【译文】

炒台菜心非常柔嫩，剥去外皮，放入蘑菇、新笋制作成汤。加上虾肉炒食也很好。

白　菜

白菜炒食，或笋煨亦可。火腿片煨、鸡汤煨俱可。

【译文】

白菜炒食，或与笋煨焖也可以。以火腿片或鸡汤煨也可以。

黄芽菜

此菜以北方来者为佳。或用醋搂，或加虾米煨之，一熟便吃，迟则色、味俱变。

【译文】

黄芽菜以北方产的为好。或用醋溜，或加虾米煨焖，煮熟即食，迟了颜色、味道都会变。

瓢儿菜①

炒瓢菜心，以干鲜无汤为贵。雪压后更软。王孟亭太守家，制之最精。不加别物，宜用荤油。

【注释】

①瓢儿菜：蔬菜名。主要分布在我国长江流域，以经

霜雪后味甜鲜美而著称于中国江南地区。

【译文】

炒瓢菜心，以干鲜无汤为好。被雪压过的菜炒制更为软嫩。王孟亭太守家烹制此菜做得最好。不用加其他东西，最好用动物油炒。

菠菜

菠菜肥嫩，加酱水、豆腐煮之。杭人名“金镶白玉板”是也。如此种菜虽瘦而肥，可不必再加笋尖、香蕈。

【译文】

菠菜肥嫩，加酱水、豆腐一起煮。杭州人称之为“金镶白玉板”。这种菜虽瘦而肥，可不必再加笋尖、香菇。

蘑菇

蘑菇不止作汤，炒食亦佳。但口蘑最易藏沙，更易受霉，须藏之得法，制之得宜。鸡腿蘑便易收拾，亦复讨好。

【译文】

蘑菇不仅可以作汤，炒食也很好。但口蘑里面最容易藏沙，更容易变霉，必须收藏得法，烹制得当。鸡腿蘑容易调制，也可做出美味食肴。

松　菌

松菌加口蘑炒最佳。或单用秋油泡食，亦妙。惟不便久留耳，置各菜中，俱能助鲜。可入燕窝作底垫，以其嫩也。

【译文】

松菌与口蘑同炒最好。或单独用秋油泡食，亦很好。只是不能长时间存在，把它放入其他菜中，能增加菜肴鲜味。也可放进燕窝里作底垫，因为它比较嫩之故。

面筋二法①

一法面筋入油锅炙枯，再用鸡汤、蘑菇清煨。一法不炙，用水泡，切条入浓鸡汁炒之，加冬笋、天花②。章淮树观察家，制之最精。上盘时宜毛撕③，不宜光切。加虾米泡汁，甜酱炒之，甚佳。

【注释】

①面筋：小麦粉中所特有的一种胶体混合蛋白质。制作面筋的主要工序是：先和成韧性面团，经水反复冲洗，去淀粉之后而成，而筋多作为食肴原料。

②天花：即天花菜。山西五台山地区出产的食用蘑菇，又称台蘑。

③毛撕：粗略地撕开。

【译文】

面筋的制作方法，一种是把面筋放入油锅中炸至焦干，再用鸡汤、蘑菇清煨。一种是不炸，先用水泡，切成条加入浓鸡汁炒，加冬笋、天花菜等。章淮树观察家所制面筋，制作最精。上盘时撕开，不应以刀切。加入虾米泡汁后，放些甜酱炒，也很好。

茄二法

吴小谷广文家，将整茄子削皮，滚水泡去苦汁，猪油炙之。炙时须待泡水干后，用甜酱水干煨，甚佳。卢八太爷家，切茄作小块，不去皮，入油灼微黄，加秋油炮炒，亦佳。是二法者，俱学之而未尽其妙。惟蒸烂划开，用麻油、米醋拌，则夏间亦颇可食。或煨干作脯，置盘中。

【译文】

吴小谷广文家，把整个茄子剥皮，以滚水泡去苦汁，以猪油煎炸。须待泡水干后才煎炸，再用甜酱水干煨，非常好。卢八太爷家则把茄切作小块，不削皮，入油锅煎炸微黄，加秋油爆炒，也很好。这两种方法，我都学习过，但都未能掌握其真谛。只有蒸烂茄子划开，以麻油、米醋拌食，在夏天食亦不错。或煨干做成茄脯，放置盘中。

苋 羹

苋须细摘嫩尖，干炒，加虾米或虾仁，更佳。不可见汤。

【译文】

苋菜必须摘取嫩尖，干炒，加虾米或虾仁，更好。不可加水见汤。

芋　羹

芋性柔腻，入荤入素俱可。或切碎作鸭羹，或煨肉，或同豆腐加酱水煨。徐兆璜明府家，选小芋子，入嫩鸡煨汤，妙极！惜其制法未传。大抵只用作料，不用水。

【译文】

芋头特性柔腻，配荤配素均可以。也有把芋头切碎作鸭羹，或有煨肉，也有与豆腐加酱水共煨。徐兆璜明府家，挑选小芋子，与嫩鸡一齐煨汤，非常好！可惜这种做法没有流传下来。大概只用作料，不用加水。

豆腐皮

将腐皮泡软，加秋油、醋、虾米拌之，宜于夏日。蒋侍郎家入海参用，颇妙。加紫菜、虾肉作汤，亦相宜。或用蘑菇、笋煨清汤，亦佳。以烂为度。芜湖敬修和尚，将腐皮卷筒切段，油中微炙，入蘑菇煨烂，极佳。不可加鸡汤。

【译文】

先将豆腐皮泡软，加秋油、醋、虾米拌食，适合夏天食用。蒋侍郎家制法，在豆腐皮中加入海参，味道很好。加紫菜、虾肉作汤，也合适。或者用蘑菇、笋煨清汤也好。以煨烂为度。芜湖敬修和尚，将豆腐皮卷成筒切段，放入油锅中微炸，再放蘑菇煨煮至烂，十分好。不可加鸡汤。

扁豆

取现采扁豆，用肉、汤炒之，去肉存豆。单炒者油重为佳。以肥软为贵。毛糙而瘦薄者，瘠土所生，不可食。

【译文】

将新鲜采摘的扁豆，用肉与汤炒，炒熟后去肉存豆。单独炒扁豆要多加油为好。扁豆，以肥嫩的为好。毛糙而瘦薄的扁豆，是贫瘠土地所产，不好食。

瓠子、王瓜

将鲜鱼切片先炒，加瓠子，同酱汁煨。王瓜亦然。

【译文】

将鲜鱼切片先炒，加瓠子，以酱汁煨。王瓜也可以这样烹制。

煨木耳、香蕈

扬州定慧庵僧，能将木耳煨二分厚，香蕈煨三分厚。先取蘑菇熬汁为卤。

【译文】

扬州定慧庵僧人，能将木耳煨成二分厚，香菇煨成三分厚。先取蘑菇熬汁成卤。

冬 瓜

冬瓜之用最多。拌燕窝、鱼肉、鳗、鳝、火腿皆可。扬州定慧庵所制尤佳。红如血珀[①]，不用荤汤。

【注释】

①血珀：血红色琥珀。

【译文】

冬瓜之用最多。配拌燕窝、鱼肉、鳗、鳝、火腿都可以。扬州定慧庵制作得特别好。红如血色琥珀，不用加入荤汤。

煨鲜菱

煨鲜菱，以鸡汤滚之。上时将汤撤去一半。池中现起者才鲜，浮水面者才嫩。加新栗、白果煨烂，尤佳。或用糖亦可。作点心亦可。

【译文】

煨煮鲜菱，以鸡汤烧煮。上菜时将汤撤去一半。从池中现摘的才新鲜，浮在水面的才嫩。加上新栗子与白果一齐煨煮至烂，特别好。或用糖煨亦可。作点心也可以。

豇　豆

豇豆炒肉，临上时，去肉存豆。以极嫩者，抽去其筋。

【注释】

豇豆炒肉，将要上菜时，把肉去掉只存豆在盘中。豇豆食用要非常嫩，把筋抽去。

煨三笋

将天目笋、冬笋、问政笋[①]，煨火鸡汤，号“三笋羹”。

【注释】

①天目笋：杭州天目山出产的竹笋。问政笋：安徽歙县问政山所产竹笋。

【译文】

将天目笋、冬笋、问政笋一起用鸡汤煨煮，号“三笋羹”。

芋煨白菜

芋煨极烂，入白菜心，烹之，加酱水调和，家常菜之最佳者。惟白菜须新摘肥嫩者，色青则老，摘久则枯。

【译文】

把芋头煨烂，再加入白菜心烹煮，加酱水调和，这是最好的家常菜。白菜一定要新鲜采摘的才肥嫩，色青者已长老，摘下时间长也会干枯。

香珠豆

毛豆至八九月间晚收者，最阔大而嫩，号“香珠豆”。煮熟以秋油、酒泡之。出壳可，带壳亦可，香软可爱。寻常之豆，不可食也。

【译文】

八九月间晚收的毛豆，最肥大鲜嫩，号“香珠豆”。煮熟以秋油、酒泡之。剥壳食也可，带壳食也可，香软可爱。一般普通的豆子，与之相比，不可食。

马　兰

马兰头菜，摘取嫩者，醋合笋拌食。油腻后食之，可以醒脾。

【译文】

马兰头菜，摘取嫩叶，加醋配笋拌食。吃了油腻食物后食之，可以醒脾胃。

杨花菜

南京三月有杨花菜，柔脆与菠菜相似，名甚雅。

【译文】

南京三月所产杨花菜，如菠菜一样柔脆，菜名十分雅致。

问政笋丝

问政笋，即杭州笋也。徽州人送者[1]，多是淡笋干，只好泡烂切丝，用鸡肉汤煨用。龚司马取秋油煮笋，烘干上桌，徽人食之，惊为异味。余笑其如梦之方醒也。

【注释】

①徽州：古地名。在今安徽。

【译文】

问政笋，就是杭州笋。徽州人送给别人，多是淡笋干，只好用水泡软之后切丝，以鸡汤煨食。龚司马以秋油煮笋，烘干后上桌，徽州人吃了，惊叹这道菜的奇异美味。我笑他们简直是如梦初醒。

炒鸡腿蘑菇

芜湖大庵和尚，洗净鸡腿，蘑菇去沙，加秋油、酒炒熟，盛盘宴客，甚佳。

【译文】

芜湖大庵和尚，把鸡腿洗净，蘑菇去沙，加上秋油、酒一起炒熟，盛到盘中宴请客人，非常好。

猪油煮萝卜

用熟猪油炒萝卜，加虾米煨之，以极熟为度。临起加葱花，色如琥珀。

【译文】

先以熟猪油炒萝卜，再加虾米煨煮，以熟烂为度。临上菜时加葱花，色如琥珀。

小菜单

袁氏《小菜单》，主要介绍用作佐食醒胃的辅助食物，作为饮食配菜。

袁氏本单小菜主要分为几类食品，包括笋类食品、瓜类食品、菜类食品，以腌制酱制为主，主要表现为咸菜、酸菜一类的食品。

小菜佐食，如府史胥徒佐六官也[1]。醒脾解浊，全在于斯。作《小菜单》。

【注释】

①府：古代掌财货或文书的官吏。史：古官名。职别名异。胥徒：官府中供役使之人。六官：即六卿之官，应指地位级别较高的官员。

【译文】

小菜是用来佐食的，正如官府中各种各样的小官吏辅助六官一样。小菜能够醒脾胃，去除污浊，作用就在于此。因此作《小菜单》。

笋 脯

笋脯出处最多，以家园所烘为第一。取鲜笋加盐煮熟，上篮烘之。须昼夜环看，稍火不旺则溲矣。用清酱者，色微黑。春笋、冬笋皆可为之。

【译文】

出产笋脯的地方非常多，以自家园林里烤烘出产的为最好。取鲜笋加盐煮熟后，上篮烤制。制作时需昼夜不停地来回护理，火稍不旺就会软黄。加入清酱的竹笋，颜色微黑。冬笋、春笋都可以作笋脯。

天目笋

天目笋多在苏州发卖。其篓中盖面者最佳，下二寸便搀入老根硬节矣。须出重价，专买其盖面者数十条，如集狐成腋之义[1]。

【注释】

①集狐成腋：比喻积少成多。

【译文】

天目笋多在苏州发卖。其放在篓中表面的质量最好，二寸下面就掺入老根节的老笋。必须以高价购买放在面上的数十条笋。集狐成腋，积少成多。

玉兰片[1]

以冬笋烘片，微加蜜焉。苏州孙春杨家有盐、甜二种，以盐者为佳。

【注释】

①玉兰片：以冬笋制成的笋干，因其外形色泽有如玉兰之花故名。极香。

【译文】

以冬笋烤制，加了一点蜂蜜。苏州孙春杨家有咸、甜两种，以咸味为好。

素火腿

处州笋脯[1]，号“素火腿”，即处片也。久之太硬，不如买毛笋自烘之为妙。

【注释】

①处州：在今浙江丽水。

【译文】

处州所产笋脯，号为“素火腿”，即处片。放久则干硬，不如买毛笋自己炮制为好。

宣城笋脯

宣城笋尖[1]，色黑而肥，与天目笋大同小异，极佳。

【注释】

①宣城：在今安徽宣城。

【译文】

宣城所产笋尖，色黑肥厚，与天目笋大同小异，极好。

人参笋

制细笋如人参形，微加蜜水。扬州人重之，故价颇贵。

【译文】

把细笋制作成人参形状，微加蜂蜜水。扬州人特别看重这种笋，所以价格颇贵。

笋　油

笋十斤，蒸一日一夜，穿通其节，铺板上，如作豆腐法，上加一板压而榨之，使汁水流出，加炒盐一两，便是笋油。其笋晒干仍可作脯。天台僧制以送人。

【译文】

用笋十斤，蒸一日一夜，穿通笋节，铺在板上，如豆腐制作的方法，上面加木板压榨，使汁水流出，加上炒盐一两，便成为笋油。其笋晒干后仍可作脯。天台僧人常制之以送人。

糟　油

糟油出太仓州，愈陈愈佳。

【译文】

糟油产自江苏太仓州，越陈年越好。

虾　油

买虾子数斤，同秋油入锅熬之，起锅用布沥出秋油，乃将布包虾子，同放罐中盛油。

【译文】

买虾子数斤，加上秋油在锅中熬煮，起锅时用布沥出秋油，再用布把虾子包好，一起放入盛油的罐中。

喇虎酱

秦椒捣烂，和甜酱蒸之，可用虾米搀入。

【译文】

把秦椒捣烂与甜酱同蒸，可以加入虾米。

熏鱼子

熏鱼子色如琥珀，以油重为贵。出苏州孙春杨家，愈新愈妙，陈则味变而油枯。

【译文】

熏鱼子的颜色如琥珀，以油多者为贵。苏州孙春杨家所产，越新越好，时间一长则味变油枯。

腌冬菜、黄芽菜[1]

腌冬菜、黄芽菜，淡则味鲜，咸则味恶。然欲久放，则非盐不可。尝腌一大坛，三伏时开之，上半截虽臭、烂，而下半截香美异常，色白如玉，甚矣！相士之不可但观皮毛也。

【注释】

①冬菜：大白菜别称。

【译文】

腌冬菜、黄芽菜，清淡则味道鲜美，咸浓则味道恶劣。但是要长时间存放，则非放盐不可。我曾腌过一大坛，到三伏天时开启，上半坛虽臭烂，下半坛却味香异常，色白如玉，真奇异！所以看人不能只看外表。

莴　苣

食莴苣有二法：新酱者，松脆可爱；或腌之为脯，切片食甚鲜。然必以淡为贵，咸则味恶矣。

【译文】

食莴苣有两种方法：新酱制的莴苣，松脆可口；若腌制成脯，切片食很鲜嫩。但是一定要淡为好，咸了味道就坏了。

香干菜

春芥心风干，取梗淡腌，晒干，加酒，加糖，加秋油，拌后再加蒸之，风干入瓶。

【译文】

把春芥心风干，取梗略加盐腌制，晒干，加酒，加糖，加秋油，拌后再蒸熟，风干之后放入瓶中。

冬　芥

冬芥名雪里红。一法整腌，以淡为佳；一法取心风干，斩碎，腌入瓶中，熟后杂鱼羹中，极鲜。或用醋煨，入锅中作辣菜亦可，煮鳗、煮鲫鱼最佳。

【译文】

冬芥又名雪里红。一种方法是整棵腌制，以淡为好；一种方法是取心风干，切碎，在瓶中腌制，腌后放在鱼羹中食用，十分鲜美。或用醋煨煮，也可放入锅中作辣菜，煮鳗鱼、鲫鱼时最佳。

春　芥

取芥心风干、斩碎，腌熟入瓶，号称“挪菜”。

【译文】

取芥菜心风干、切碎，腌熟后放在瓶中，号为“挪菜”。

芥　头

芥根切片，入菜同腌，食之甚脆。或整腌，晒干作脯，食之尤妙。

【译文】

把芥根切片，和芥菜一起腌，食时十分爽脆。或将整棵芥菜一齐腌制，晒干后制作成脯，吃起来特别好。

芝麻菜

腌芥晒干，斩之碎极，蒸而食之，号“芝麻菜”。老人所宜。

【译文】

腌芥菜晒干后，切得极碎，蒸熟食之，称为“芝麻菜”。适合老人食用。

腐干丝

将好腐干切丝极细，以虾子、秋油拌之。

【译文】

将好的豆腐干切成细丝，以虾子、秋油拌食。

风瘪菜

将冬菜取心风干，腌后榨出卤，小瓶装之，泥封其口，倒放灰上。夏食之，其色黄，其臭香。

【译文】

把冬菜心取出风干，腌制后榨出卤汁，以小瓶装盛，用泥封口，倒放在灰上。这种小菜夏天吃的时候，颜色发黄，气味清香。

糟　菜

取腌过风瘪菜，以菜叶包之，每一小包，铺一面香糟，重叠放坛内。取食时，开包食之，糟不沾菜，而菜得糟味。

【译文】

把腌好的风瘪菜，以菜叶包裹，每一小包，铺上一层香糟，层层重叠放缸内。食用时，打开小包取菜，糟不会沾到菜上，而菜却有糟香之味。

酸　菜

冬菜心风干微腌，加糖、醋、芥末，带卤入罐中，微加秋油亦可。席间醉饱之余，食之醒脾解酒。

【译文】

把冬菜心风干后稍腌，加糖、醋、芥末，连卤放入罐中，可以加上一点秋油。席间酒足饭饱之时，食之可以醒脾解酒。

台菜心

取春日台菜心腌之，榨出其卤，装小瓶之中，夏日食之。风干其花，即名菜花头，可以烹肉。

【译文】

把春天台菜心腌制，挤出卤汁，装入小瓶中，夏天食用。风干菜花，也就是菜花头，可以用来烹肉。

大头菜

大头菜出南京承恩寺，愈陈愈佳。入荤菜中，最能发鲜。

【译文】

大头菜出自南京承恩寺，品质越陈越好。在荤菜中配食，特别鲜香味美。

萝卜

萝卜取肥大者，酱一二日即吃，甜脆可爱。有侯尼能制为鲞，煎片如蝴蝶，长至丈许，连翩不断，亦一奇也。承恩寺有卖者，用醋为之，以陈为妙。

【译文】

要肥大萝卜，酱一二天即吃，甜脆可口。有侯尼能制成干鱼状，煎萝卜片如蝴蝶状，一丈多长，连成一串，亦一奇观。承恩寺有卖萝卜，是用醋调制，时间较长为好。

乳腐[1]

乳腐，以苏州温将军庙前者为佳，黑色而味鲜。有干、湿二种。有虾子腐亦鲜，微嫌腥耳。广西白乳腐最佳。王库官家制亦妙。

【注释】

①乳腐：即腐乳。

【译文】

腐乳，以苏州温将军庙前所出的最好，黑色且味道鲜美。有干、湿两类。有一种虾子腐乳也很鲜美，略嫌腥重。广西白腐乳最好。王库官家所制作的也很好。

酱炒三果

核桃、杏仁去皮，榛子不必去皮。先用油炮脆，再下酱，不可太焦。酱之多少，亦须相物而行。

【译文】

把核桃、杏仁去皮，榛子不必去皮。先用油炸脆，再下酱，不可炸得太焦。加酱多少，根据东西的多少而定。

酱石花[1]

将石花洗净入酱中，临吃时再洗。一名麒麟菜。

【注释】

①石花：即石花菜，属于红藻植物，口感爽利脆嫩，既可拌凉菜，也能制作凉粉，还是提炼琼脂的主要原料。

【译文】

把石花菜洗净放入酱中，临吃时再洗。它的另一个名字叫麒麟菜。

石花糕

将石花熬烂作膏，仍用刀划开，色如蜜蜡。

【译文】

将石花菜熬烂作膏，吃时用刀划开，色如蜜蜡。

小松菌

将清酱同松菌入锅滚熟，收起，加麻油入罐中。可食二日，久则味变。

【译文】

把清酱同小松菌一起放入锅中煮熟，收汁起锅，加麻油放入罐中。可以吃两天，时间太久就会变味。

吐　蚨[1]

吐蚨出兴化、泰兴。有生成极嫩者，用酒酿浸之，加糖则自吐其油。名为泥螺，以无泥为佳。

【注释】

①吐蚨：即泥螺，软体动物。

【译文】

吐蚨出自兴化、泰兴地区。有初生极嫩者，用酒酿浸泡，加糖后则自吐其油。名为泥螺，以无泥为好。

海　蜇

用嫩海蜇，甜酒浸之，颇有风味。其光者名为白皮，作丝，酒、醋同拌。

【译文】

把嫩海蜇，以甜酒浸泡，颇有风味。表皮光的叫白皮，切丝，与酒、醋拌食。

虾子鱼

虾子鱼出苏州。小鱼生而有子。生时烹食之，较美于鲞。

【译文】

虾子鱼出自苏州。小鱼生下来就有鱼子。新鲜时烹制而食，比鱼干味美。

酱 姜

生姜取嫩者微腌，先用粗酱套之[1]，再用细酱套之，凡三套而始成。古法用蝉退一个入酱[2]，则姜久而不老。

【注释】

①套：此指糊在生姜上进行腌制。

②蝉退：蝉的幼虫变为成虫时蜕下的壳。

【译文】

取嫩生姜微腌，先用粗酱腌，再用细酱腌，共腌三次才完成。古法用一个蝉衣加入酱中，姜则可保持长久不老。

酱 瓜

将瓜腌后，风干入酱，如酱姜之法。不难其甜，而难其脆。杭州施鲁箴家，制之最佳。据云：酱后晒干又酱，故皮薄而皱，上口脆。

【译文】

将瓜腌制后，风干入酱再腌，如酱姜之法。要它甜不难，要它脆却比较困难。杭州施鲁箴家，所制酱瓜最好。据说：酱后晒干以后再酱腌一次，所以皮薄起皱，食时香脆可口。

新蚕豆

新蚕豆之嫩者，以腌芥菜炒之，甚妙。随采随食方佳。

【译文】

取新鲜嫩蚕豆，与腌制的芥菜同炒，非常妙。蚕豆要随采随吃才好。

腌 蛋

腌蛋以高邮为佳[①]，颜色红而油多。高文端公最喜食之。席间先夹取以敬客。放盘中，总宜切开带壳，黄、白兼用；不可存黄去白，使味不全，油亦走散。

【注释】

①高邮：在今江苏高邮。

【译文】

腌蛋以高邮出品为最好，颜色红而油多。高文端公最喜欢吃腌蛋。宴席间他总是先夹取腌蛋敬客。腌蛋放在盘中，一般是带壳切开，蛋黄蛋白兼用；不可只存蛋黄，去掉蛋白，这样使味道不全，蛋油也易走散。

混　套

将鸡蛋外壳微敲一小洞，将清、黄倒出，去黄用清，加浓鸡卤煨就者拌入，用箸打良久，使之融化。仍装入蛋壳中，上用纸封好，饭锅蒸熟，剥去外壳，仍浑然一鸡卵。此味极鲜。

【译文】

把鸡蛋外壳敲开一小洞，将蛋白、蛋黄倒出，去掉蛋黄，保留蛋清，加入煨好的浓鸡汁，用筷子多搅拌一会儿，使之融合。然后装回蛋壳之内，用纸封好小洞，在饭锅上蒸熟，剥去外壳，依旧像一只完整的鸡蛋。这种方法味道极鲜。

茭瓜脯[1]

茭瓜入酱，取起风干，切片成脯，与笋脯相似。

【注释】

①茭瓜：即茭白。

【译文】

把茭瓜放入酱中腌制，取出风干，切片成脯，与笋脯相似。

牛首腐干

豆腐干以牛首僧制者为佳。但山下卖此物者有七家，惟晓堂和尚家所制方妙。

【译文】

豆腐干以牛首僧人所制的为好。山下卖豆腐干的有七家，只有晓堂和尚家所制作的最好。

酱王瓜

王瓜初生时，择细者腌之入酱，脆而鲜。

【译文】

王瓜刚长出时，选择小的用酱腌制，脆而鲜。

点心单

袁氏《点心单》主要是介绍点心小食一类的面制、米制食品。袁氏本单所介绍的食品十分丰富，包括有面条类食品、饼类食品、饺类食品、点心食品。在食味方面，既有咸味点心，亦有甜味点心，有荤食点心，也有素食点心。花样繁多，目不暇接。

袁氏本单中的点心食品，也显示了较高的工艺制作水平，一些点心色香味形俱佳。点心食品中，其形状也是千姿百态，有几何形状，也有象形形状，还有自然形态。自然形态主要是采用较为简易的烹制手法，使点心通过成熟而形成不规则的形状。反映了当时点心食品之流行，其制作水平自然水涨船高。

梁昭明以点心为小食[1]，郑傪嫂劝叔“且点心”，由来旧矣。作《点心单》。

【注释】

①梁昭明：南北朝梁武帝之长子，谥号昭明太子。

【译文】

南北朝梁武帝太子梁昭明把点心作为小食，郑傪嫂也劝叔“且点心”，可知点心一词由来已久。因此作《点心单》。

鳗　面

大鳗一条蒸烂，拆肉去骨，和入面中，入鸡汤清揉之，擀成面皮，小刀划成细条，入鸡汁、火腿汁、蘑菇汁滚。

【译文】

把一条大鳗鱼蒸烂，拆肉去骨，和入面中，加入鸡汤揉匀，擀成面皮，用小刀切成细条，放入鸡汁、火腿汁、蘑菇汁滚煮。

温　面

将细面下汤沥干，放碗中，用鸡肉、香蕈浓卤，临吃，各自取瓢加上。

【译文】

将细面放至汤中滚煮，沥干水滴，放入碗中，用鸡肉、香菇制作成浓卤汁，临吃时，各自用瓢取卤和面而食。

鳝　面

熬鳝成卤，加面再滚。此杭州法。

【译文】

把鳝鱼熬成卤汁，加上面条滚煮。这是杭州的烹制法。

裙带面

以小刀截面成条，微宽，则号“裙带面”。大概作面，总以汤多为佳，在碗中望不见面为妙。宁使食毕再加，以便引人入胜。此法扬州盛行，恰甚有道理。

【译文】

用小刀把面裁切成条，稍宽厚，号为“裙带面”。大概煮面，一般认为汤汁多为好，最好是看不见碗中的面为妙。宁愿吃光再加，以便引人食欲再添加。这种方法在扬州十分盛行，也似有几分道理。

素　面

先一日将蘑菇蓬熬汁，定清；次日将笋熬汁，加面滚上。此法扬州定慧庵僧人制之极精，不肯传人。然其大概亦可仿求。其纯黑色的，或云暗用虾汁、蘑菇原汁，只宜澄去泥沙，不重换水；一换水，则原味薄矣。

【译文】

先一日将蘑菇头熬汁，澄清。第二天将笋熬汁，加面烧煮。此种制法，扬州定慧庵的僧人所制最为精美，不肯传授外人。不过这种做法大概亦可模仿学习。其纯黑色的，有人说是暗中放了虾汁、蘑菇原汁，澄清泥沙就可以了，不要换水，一换水原味就淡薄了。

蓑衣饼

干面用冷水调，不可多。揉擀薄后，卷拢再擀薄了，用猪油、白糖铺匀，再卷拢擀成薄饼，用猪油熯黄。如要盐的，用葱椒盐亦可。

【译文】

把干面粉团用冷水调和，不要太多水。揉好后擀薄，把薄片卷拢后再擀薄，把猪油、白糖均匀地铺在面上，再卷拢后擀成薄饼，用猪油煎黄。如要咸食，则加上葱椒盐即可。

虾　饼

生虾肉，葱盐、花椒、甜酒脚少许，加水和面，香油灼透。

【译文】

把生虾肉，加上少许葱盐、花椒、甜酒，以水和面，擀成饼，香油煎炸即可。

薄饼

山东孔藩台家制薄饼[①]，薄若蝉翼，大若茶盘，柔腻绝伦。家人如其法为之，卒不能及，不知何故。秦人制小锡罐[②]，装饼三十张。每客一罐。饼小如柑。罐有盖，可以贮。馅用炒肉丝，其细如发。葱亦如之。猪、羊并用，号曰“西饼”。

【注释】

①藩台：明清时布政使司的别称，也叫藩司，主管一省人事财务。

②秦人：陕甘地区的人。

【译文】

山东孔藩台家所制薄饼，薄如蝉翼，大若茶盘，柔腻无比。家里人按孔家的方法烹制，始终不如，不知何故。秦人制小锡罐，可装三十张饼。每客人一罐。饼如柑一样大小。罐有盖，可以贮存。馅用炒肉丝，其细如发。葱亦一样。可以猪肉、羊肉并用，号为“西饼”。

松饼

南京莲花桥，教门方店最精。

【译文】

南京莲花桥教门方店制作的松饼最好。

面老鼠

以热水和面，俟鸡汁滚时，以箸夹入，不分大小，加活菜心，别有风味。

【译文】

以热水和好面，待鸡汤滚时，以筷夹入面，不分大小，加进新鲜菜心，别有风味。

颠不棱 即肉饺也

糊面摊开，裹肉为馅蒸之。其讨好处，全在作馅得法，不过肉嫩、去筋、作料而已。余到广东，吃官镇台颠不棱，甚佳。中用肉皮煨膏为馅，故觉软美。

【译文】

擀面摊开，裹肉为馅蒸熟。其最得意之处，全在做馅得法，不过是以嫩肉去筋，加作料而已。我到广东，在官镇台所吃肉饺，特别好吃。中间用肉皮煨成膏脂作馅，所以口感柔软鲜美。

肉馄饨

作馄饨，与饺同。

【译文】

制作馄饨的方法与饺子一样。

韭　合

韭菜切末拌肉，加作料，面皮包之，入油灼之。面内加酥更妙。

【译文】

把韭菜切成细末拌肉，加上作料，用面皮包裹，入油锅煎炸。如果在里面加些酥油更好。

糖饼 又名面衣

糖水溲面[①]，起油锅令热，用箸夹入；其作成饼形者，号“软锅饼”。杭州法也。

【注释】

①溲（sōu）：浸，泡。

【译文】

以糖水和面，起油锅烧热，用筷子把面饼夹入热油中煎炸；制成饼形的，号“软锅饼”。这是杭州地区的制作方法。

烧　饼

用松子、胡桃仁敲碎，加糖屑、脂油，和面炙之，以两面熯黄为度，而加芝麻。扣儿会做[①]，面罗至四五次[②]，则白如雪矣。须用两面锅，上下放火，得奶酥更佳。

【注释】

①扣儿：人名。

②罗：密孔筛。

【译文】

把松子、胡桃仁敲碎，加上碎糖、猪油，和在面中，上锅煎之，以两面金黄时加上芝麻。扣儿会做烧饼，把面筛四五次，颜色白如雪。必须使用两面锅，上下都能以火烧，如果面中放些奶酥就更好。

千层馒头

杨参戎家制馒头[①]，其白如雪，揭之如有千层。金陵人不能也。其法扬州得半，常州、无锡亦得其半。

【注释】

①参戎：明清武官参将，参谋军务，俗称参戎。

【译文】

杨参戎家制馒头，其白如雪，揭开好像有千层。金陵人不会做。其制作方法，一半来自扬州，另一半来自常州、无锡。

面　茶

熬粗茶汁，炒面兑入，加芝麻酱亦可，加牛乳亦可，微加一撮盐。无乳则加奶酥、奶皮亦可。

【译文】

熬粗茶汁，把炒面炒好加入，加芝麻酱也可以，加牛奶也可以，稍微加少量盐。没有牛奶加奶酥、奶皮亦可以。

杏　酪

捶杏仁作浆，挍去渣，拌米粉，加糖熬之。

【译文】

捶碎杏仁作浆，滤去渣，把米粉拌进汁中，加糖熬食。

粉　衣

如作面衣之法。加糖、加盐俱可，取其便也。

【译文】

做粉衣和做面衣的方法一样。加糖、加盐都可以，根据需要而选定。

竹叶粽

取竹叶裹白糯米煮之。尖小，如初生菱角。

【译文】

用竹叶包裹白糯米蒸煮。形状尖小，如初生菱角。

萝卜汤圆

萝卜刨丝滚熟，去臭气，微干，加葱、酱拌

之，放粉团中作馅，再用麻油灼之。汤滚亦可。春圃方伯家制萝卜饼，扣儿学会，可照此法作韭菜饼、野鸡饼试之。

【译文】

以萝卜刨丝煮熟，去掉臭气，稍微晾干，加葱、酱拌匀，放在粉团中作馅，再用麻油煎炸。放在汤中煮熟也可以。春圃方伯家所制萝卜饼，扣儿学会了怎样做，参照这种方法还可以试做韭菜饼、野鸡饼。

水粉汤圆①

用水粉和作汤圆，滑腻异常。中用松仁、核桃、猪油、糖作馅，或嫩肉去筋丝捶烂，加葱末、秋油作馅亦可。作水粉法，以糯米浸水中一日夜，带水磨之，用布盛接，布下加灰，以去其渣，取细粉晒干用。

【注释】

①水粉：即水磨糯米粉。

【译文】

用水磨粉制作汤圆，非常滑腻。里面用松仁、核桃、猪油、糖作馅，或者把嫩肉去掉筋膜剁碎，加葱末、秋油作馅也可以。做水粉的方法，是把糯米先浸在水中泡一日一夜，然后连米带水磨制，用布袋盛浆，布下加柴灰，用来去掉残渣，把细粉晒干便可用。

脂油糕

用纯糯粉拌脂油，放盘中蒸熟，加冰糖捶碎，入粉中，蒸好用刀切开。

【译文】

以纯糯米粉拌上脂油，放在盘中蒸熟，把捶碎的冰糖加入粉中，蒸好后用刀切开。

雪花糕

蒸糯饭捣烂，用芝麻屑加糖为馅，打成一饼，再切方块。

【译文】

蒸糯米饭捣烂，用蒸芝麻屑加糖为馅，打成一大饼，再切方块。

软香糕

软香糕，以苏州都林桥为第一。其次虎丘糕，西施家为第二。南京南门外报恩寺则第三矣。

【译文】

苏州都林桥所制软香糕为第一，其次是西施家所做的虎丘糕，南京南门外报恩寺所做的则为第三。

百果糕

杭州北关外卖者最佳。以粉糯，多松仁、胡桃，而不放橙丁者为妙。其甜处非蜜非糖，可暂可久。家中不能得其法。

【译文】

杭州北关外所卖百果糕最好。用粉糯，多松仁、胡桃，以不放橙丁的为好。这种糕的甜味，非蜜非糖，也可长久保存。家中并没有得到它的制作方法。

栗　糕

煮栗极烂，以纯糯粉加糖为糕蒸之，上加瓜仁、松子。此重阳小食也。

【译文】

把栗子煮至极烂，以纯糯米粉加糖蒸熟，上加瓜仁、松子。这是重阳节时的小吃。

青糕、青团

捣青草为汁，和粉作粉团，色如碧玉。

【译文】

把青草捣烂为汁，和粉做成团子，色如碧玉。

合欢饼

蒸糕为饭，以木印印之，如小珙璧状[①]，入铁架熯之，微用油，方不粘架。

【注释】

①珙璧：古玉器，两手合持的大璧。

【译文】

蒸糕如饭，以木印印成小珙璧的样子，放在铁架上烘烤，加些油，就可以不粘铁架。

鸡豆糕[①]

研碎鸡豆，用微粉为糕，放盘中蒸之。临食用小刀片开。

【注释】

①鸡豆：即芡实。一种水生植物的果实，可供食用或酿酒，亦可作药用。

【译文】

把鸡豆磨碎，加少量粉制作成糕，放进盘中蒸熟。临食时用小刀片切开。

鸡豆粥

磨碎鸡豆为粥，鲜者最佳，陈者亦可。加山药、茯苓尤妙。

【译文】

把鸡豆磨碎煮粥，新鲜的最好，放陈的鸡豆亦可以。加上山药、茯苓特别好。

金　团

杭州金团，凿木为桃、杏、元宝之状，和粉搦成[①]，入木印中便成。其馅不拘荤素。

【注释】

①搦（nuò）：用手来回按压揉捏。

【译文】

杭州金团的制作，先在木头上刻凿桃、杏、元宝的形状，将和好的面粉捏成团，按入木模子刻模而成。金团馅料可荤可素。

藕粉、百合粉

藕粉非自磨者，信之不真。百合粉亦然。

【译文】

藕粉不是自家研磨的，不敢相信是真正的藕粉。百合粉也是一样。

麻　团

蒸糯米捣烂为团，用芝麻屑拌糖作馅。

【译文】

把煮熟的糯米捣烂作成团，用芝麻屑拌糖作馅。

芋粉团

磨芋粉晒干，和米粉用之。朝天宫道士制芋粉团，野鸡馅，极佳。

【译文】

把芋磨成粉晒干，加入米粉为原料。朝天宫道士做的芋粉团，以野鸡肉为馅，味色极好。

熟　藕

藕须贯米加糖自煮，并汤极佳。外卖者多用灰水，味变，不可食也。余性爱食嫩藕，虽软熟而以齿决，故味在也。如老藕一煮成泥，便无味矣。

【译文】

自家把藕与加糖的米一齐煮熟，带上藕汤，极好。外面卖的多用灰水，味道已变，不能食。我天生爱食嫩藕，虽然是软熟的藕，还是要用牙齿咬断，所以味道全在。而老藕一煮便成软泥，毫无味色。

新栗、新菱

新出之栗，烂煮之，有松子仁香。厨人不肯煨烂，故金陵人有终身不知其味者。新菱亦然。金陵人待其老方食故也。

【译文】

新出的栗子，煮烂熟，有松子仁香味。厨师不愿意煨烂，所以金陵人有一生都不知道栗子的真正味道。新菱也是一样。因为金陵人要它们老了才吃。

莲　子

建莲虽贵[①]，不如湖莲之易煮也[②]。大概小熟，抽心去皮，后下汤，用文火煨之，闷住合盖，不可开视，不可停火。如此两炷香，则莲子熟时，不生骨矣[③]。

【注释】

①建莲：福建所产莲子。

②湖莲：湖南所产莲子，也可称为湘莲。

③生骨：生硬，发硬。

【译文】

福建莲子虽然贵，不如湖南莲子容易烹煮。大概稍熟时，可将莲子抽去莲心与莲子皮，放入汤中，用慢火煨煮，盖上锅盖，不要打开看，也不可停火。这样大约两炷香的时间，莲子就煮熟了，吃时不会有生硬的感觉。

芋

十月天晴时，取芋子、芋头，晒之极干，放草中，勿使冻伤。春间煮食，有自然之甘。俗人不知。

【译文】

十月天晴之时，取芋子、芋头，晒至极干，放在干草中，不要让其冻伤。到开春时煮食，有自然的甘甜。一般人并不知道。

萧美人点心

仪真南门外，萧美人善制点心，凡馒头、糕、饺之类，小巧可爱，洁白如雪。

【译文】

仪真南门外，有萧美人善于制作点心，如馒头、糕点、饺子一类的食品，小巧可爱，色白如雪。

刘方伯月饼

用山东飞面[①]，作酥为皮，中用松仁、核桃仁、瓜子仁为细末，微加冰糖和猪油作馅，食之不觉甚甜，而香松柔腻，迥异寻常。

【注释】

①飞面：精面粉。

【译文】

用山东生产的精面粉，制成酥皮，中间用研成细末的松仁、核桃仁、瓜子仁，稍加上冰糖和猪油作馅，食时并不觉得很甜，而且香松柔腻，与通常的月饼不一样。

陶方伯十景点心

每至年节，陶方伯夫人手制点心十种，皆山东飞面所为。奇形诡状，五色纷披。食之皆甘，令人应接不暇。萨制军云[1]："吃孔方伯薄饼，而天下之薄饼可废；吃陶方伯十景点心，而天下之点心可废。"自陶方伯亡，而此点心亦成《广陵散》矣[2]。呜呼！

【注释】

①制军：明清总督的别称，也叫制台。

②《广陵散》：琴曲名。三国时魏嵇康善弹此曲，不肯传人。嵇康死后，此曲遂绝。散，曲类名称。

【译文】

每到年节，陶方伯夫人亲手制作十种点心，都是用山东精面粉做。奇形怪状，五色缤纷。吃之甘甜，品种繁多，令人应接不暇。萨制军说道："吃了孔方伯的薄饼，天下的薄饼皆可废弃；吃了陶方伯十景点心，天下的点心也可废弃。"陶方伯死后，这种点心就像三国时嵇康的《广陵散》一样，曲终失存。唉！

杨中丞西洋饼

用鸡蛋清和飞面作稠水，放碗中。打铜夹剪一把，头上作饼形，如蝶大，上下两面，铜合缝处不到一分。生烈火烘铜夹，撩稠水，一糊一夹一熯，顷刻成饼。白如雪，明如绵纸，微加冰糖、松仁屑子。

【译文】

用鸡蛋清和精面调成面糊，放在碗中。打造一把铜夹剪，夹剪头上制作成饼形，如蝴蝶大小，上下两面，铜合贴处不到一分。以旺火烘烧铜夹，把面糊放进夹子里，一夹一烤，马上成饼。饼白如雪，如绵纸般透明，加上一些冰糖、松仁碎末。

白云片

南殊锅巴，薄如绵纸，以油炙之，微加白糖，上口极脆。金陵人制之最精，号“白云片”。

【译文】

白米锅巴，薄如绵纸，以油煎烤，加上一点白糖，食之极脆。金陵人制作最精，号“白云片”。

风枵①

以白粉浸透，制小片入猪油灼之，起锅时加糖糁之，色白如霜，上口而化。杭人号曰“风枵”。

【注释】

①风枵（xiāo）：指成品薄细，风可吹动。枵，空虚。

【译文】

把面粉浸透，制作成小片以猪油煎烤，起锅时加糖，色白如霜，上口脆化。杭州人号为“风枵”。

三层玉带糕

以纯糯粉作糕，分作三层，一层粉，一层猪油、白糖，夹好蒸之，蒸熟切开。苏州人法也。

【译文】

以纯糯米粉制作成糕，分作三层，一层粉，一层猪油、白糖，再一层粉，夹好蒸熟切开。这是苏州人的制作方法。

运司糕[①]

卢雅雨作运司，年已老矣。扬州店中作糕献之，大加称赏。从此遂有“运司糕”之名。色白如雪，点胭脂，红如桃花。微糖作馅，淡而弥旨。以运司衙门前店作为佳。他店粉粗色劣。

【注释】

①运司：官名。管理漕运官员。

【译文】

卢雅雨任运司，年事已高。扬州糕店制作糕点献给他品尝，他食后大为称赏。从此遂有“运司糕”之名。这种糕色白如雪，上面点加胭脂，红如桃花。以少量糖作馅，淡而更加味美。以运司衙门前店中做的糕点最好。其他店铺所做，粉粗色劣。

沙糕

糯粉蒸糕，中夹芝麻、糖屑。

【译文】

以糯米粉蒸糕，中夹芝麻、糖屑。

小馒头、小馄饨

作馒头如胡桃大，就蒸笼食之。每箸可夹一双。扬州物也。扬州发酵最佳。手捺之不盈半寸，放松仍隆然而高。小馄饨小如龙眼，用鸡汤下之。

【译文】

制作的馒头如胡桃一般大，以蒸笼蒸熟食之。每双筷子一次可夹两个。这是扬州点心的特色。扬州发酵最好。手按住下去，不超过半寸，一放松又重新隆起很高。小馄饨细小如龙眼，以鸡汤煮之。

雪蒸糕法

每磨细粉，用糯米二分，粳米八分为则。一拌粉，将粉置盘中，用凉水细细洒之，以捏则如团、撒则如砂为度。将粗麻筛筛出，其剩下块搓碎，仍于筛上尽出之。前后和匀，使干湿不偏枯[①]，以巾覆之，勿令风干日燥，听用。水中酌加上洋糖则更有味，拌粉与市中枕儿糕法同。一锡圈及锡钱[②]，俱宜洗剔极净，临时略将香油和水，布蘸拭之。每一蒸后，必一洗一拭。一锡圈内，将锡钱置妥，先松装粉一小半，将果馅轻置当中，后将粉松装满圈，轻轻挡平[3]，套汤瓶上盖之，视盖口气直冲为度。取出覆之，先去圈，后去钱，饰以胭脂。两圈更递为用。一汤瓶宜洗净，置汤分寸以及肩为度。然多滚则汤易涸，宜留心看视，备热水频添。

【注释】

①偏枯：各方面调配不均，偏于一方面。发展不平衡。

②锡圈及锡钱：蒸糕的锡制模型。

③挡（tǎng）：捶打。

【译文】

每次磨粉，用糯米二分，粳米八分为标准。拌粉，将粉置盘中，用凉水细洒面粉，以捏则可成团，撒则如砂散开为度。用粗麻筛筛出，其剩下的部分继续搓碎，再用筛子筛过。然后把两次筛好的面粉和匀，干湿适中，用毛巾盖住，不要让风吹干，放着备用。在和面的水中加点白糖则更有味道，拌粉与市场上枕儿糕的做法相同。把蒸糕的工具洗剔干净，使用时稍稍沾点香油和水，用布擦拭。每次蒸完，都要洗擦一次。一锡圈内把锡钱放好，先松装粉一小半，将果馅轻放当中，然后将粉松装满圈，轻轻抹平，放在开水瓶中盖上，看到盖口有热气直冲上来为度。蒸好后，取出反转，先去锡圈，然后去掉锡钱，以胭脂装饰。两个圈更替使用。把一只汤瓶洗净，水到以瓶肩为宜。但多滚则汤易干涸，宜留心观察，备好热水频添。

作酥饼法

冷定脂油一碗，开水一碗，先将油同水搅匀，入生面，尽揉要软，如擀饼一样，外用蒸熟面入脂油，合作一处，不要硬了。然后将生面做团子，如核桃大。将熟面亦作团子，略小一晕①。再将熟面团子包在生面团子中，擀成长饼，长可八寸，宽二三寸许。然后折叠如碗样，包上穰子②。

【注释】

①晕：圆，环。

②穰（ráng）：果实之肉。

【译文】

冷冻脂油一碗，用开水一碗，先将油同水搅匀，加入生面，充分揉搓至软，如擀饼一样，另外用蒸熟面加入脂油，揉合搓软，不要硬结。然后将生面做成面团，如核桃般大。把熟面亦作成团子，略小一圈。把它包在生面团子中，擀成长饼，长可八寸，宽二三寸。然后折叠如碗样，包上果实之肉为馅。

天然饼

泾阳张荷塘明府，家制天然饼，用上白飞面，加微糖及脂油为酥，随意搦成饼样，如碗大，不拘方圆，厚二分许。用洁净小鹅子石，衬而熯之，随其自为凹凸，色半黄便起，松美异常。或用盐亦可。

【译文】

泾阳张荷塘明府家所制的天然饼，选用上等白面粉，加上一些糖及脂油制成面酥团，随意捏成饼状，如碗大小，不拘方圆，厚大约二分。把面放在烘热的鹅卵石上烘烤，随其高低不一，自行凹凸，颜色半黄时起饼，这种饼酥松美味。或用盐也可以。

花边月饼

明府家制花边月饼，不在山东刘方伯之下。余尝以轿迎其女厨来园制造，看用飞面拌生猪油子团百搦，才用枣肉嵌入为馅，裁如碗大，以手搦其四边菱花样。用火盆两个，上下覆而炙之。枣不去皮，取其鲜也；油不先熬，取其生也。含之上口而化，甘而不腻，松而不滞，其工夫全在搦中，愈多愈妙。

【译文】

明府家所制的花边月饼，水平不在山东刘方伯之下。我曾用轿迎其女厨到我家献技。她用精面粉拌上生猪油反复揉搓上百次，才用枣肉嵌入作馅，然后把面团裁切成碗之大小，以手在四边捏成菱花样。用火盆两个，上下一起烤制。枣不去皮，取其鲜美；油不先熬，取其清新。吃的时候上口而化，甜而不腻，松而不散，其工夫全在面团的揉搓上，揉搓的次数越多越好。

制馒头法

偶食新明府馒头，白细如雪，面有银光，以为是北面之故[①]。龙云不然，面不分南北，只要罗得极细。罗筛至五次，则自然白细，不必北面也。惟做酵最难。请其庖人来教，学之卒不能松散。

【注释】

①北面：北方精细面粉。

【译文】

偶然吃过新明府家所制馒头，色白如细雪，表面泛银光，以为是用北方精面的原因。龙说不是，面粉不分南北，只要筛粉极细即可。用罗筛至五次，则粉自然白细，并不一定要北方的精面粉。惟做酵最难掌握。请他的厨师来教，学了之后始终没有那种蓬松柔软的效果。

扬州洪府粽子

洪府制粽，取顶高糯米[①]，捡其完善长白者，去其半颗散碎者。淘之极熟，用大箬叶裹之[②]，中放好火腿一大块，封锅闷煨一日一夜，柴薪不断。食之滑腻温柔，肉与米化。或云：即用火腿肥者斩碎，散置米中。

【注释】

①顶高：最好。

②箬（ruò）：箬竹，叶子宽大，可编制器物、竹笠，

包粽子有特别清香之味。

【译文】

洪府所制粽子，取最好的糯米，挑选其中完整粒长色白的糯米，去掉半颗、散碎的糯米。充分洗净，用大箬叶包裹，中间放上一大块好火腿，装进锅中焖煨一日一夜，柴火烧之不断。粽子肉与米都融化，食时滑腻柔软。还有一种说法：这是把火腿肥的部分切碎，散置米中之故。

饭粥单

袁氏《饭粥单》，主要强调了饭粥在饮食生活中的主食地位，以及饭粥烹制的要求与心得，内容较为单一。

袁氏本单主要强调饭粥是饮食根本，菜肴为末。所以米饭制作，也需具备烹制水平，袁氏从米品、淘米、用火、量水等方面，阐述了做好米饭的重要步骤与要求。对于粥食，袁氏也从水量多少、浓稠厚薄，以及素粥、荤粥的制作阐明了自己的观点。

粥饭本也，余菜末也。本立而道生。作《饭粥单》。

【译文】

粥饭是饮食的根本，其余诸菜则为末。立好根本，其他事物都会应运而生。因而作《饭粥单》。

饭

王莽云[①]："盐者，百肴之将。"余则曰："饭者，百味之本。"《诗》称："释之溲溲，蒸之浮浮[②]。"是古人亦吃蒸饭。然终嫌米汁不在饭中。善煮饭者，虽煮如蒸，依旧颗粒分明，入口软糯。其诀有四：一要米好，或"香稻"，或"冬霜"，或"晚米"，或"观音籼"，或"桃花籼"。舂之极熟[③]，霉天风摊播之，不使惹霉发疹。一要善淘，淘米时不惜工夫，用手揉擦，使水从箩中淋出，竟成清水，无复米色。一要用火先武后文，闷起得宜。一要相米放水，不多不少，燥湿得宜。往往见富贵人家，讲菜不讲饭，逐末忘本，真为可笑。余不喜汤浇饭，恶失饭之本味故也。汤果佳，宁一口吃汤，一口吃饭，分前后食之，方两全其美。不得已，则用茶、用开水淘之，犹不夺饭之正味。饭之甘，在百味之上；知味者，遇好饭不必用菜。

【注释】

①王莽：字巨君，西汉元帝皇后侄。西汉末年，凭借

外戚身份掌握政权，后正式称帝，改国号为新。史称王莽篡汉。

②释之溲溲，蒸之浮浮：《诗经·大雅·生民》中的诗句。释之，即淘米。溲溲，淘米声。蒸之，蒸熟。浮浮，米受热后涨发的样子。

③舂（chōng）：把谷类的皮捣掉。

【译文】

王莽说："盐是百肴之将。"我则说："饭是百味的根本。"《诗经》中说："淘米的声音溲溲的，蒸饭的热气浮浮的。"可见古人也吃蒸饭。然始终嫌米汁不在饭中。善于煮饭的，虽然以水煮，却同蒸饭一样，颗粒分明，入口松软香糯。诀窍有四点：一要米好，或用"香稻"，或用"冬霜"，或用"晚米"，或用"观音籼"，或用"桃花籼"。米要舂得干净熟白，霉雨天要摊开晾，不要让米发霉结块。一要善淘米，淘米时要不怕费工夫，用手揉搓，洗至水从箩中流出时，变成清水，没有米色。一要用火得法，先旺火后慢火，焖煮收火得宜。一是量米放水，不多不少，成饭硬软适中。常常见到那些富贵人家，讲究菜肴不注重米饭，舍本求末，甚为可笑。我不喜欢以汤泡饭，讨厌这样失去饭的本味。汤如果好，宁可一口汤，一口饭，分别前后食用，这才两全其美。实在不得已，则用茶、开水淘饭，还不至于完全失去米饭的真正味道。米饭甘美，在百味之上；懂得品尝的，遇到好饭不必用菜了。

粥

见水不见米，非粥也；见米不见水，非粥也。必使水米融洽，柔腻如一，而后谓之粥。尹文端公说："宁人等粥，毋粥等人。"此真名言，防停顿而味变汤干故也。近有为鸭粥者，入以荤腥；为八宝粥者，入以果品，俱失粥之正味。不得已，则夏用绿豆，冬用黍米，以五谷入五谷，尚属不妨。余尝食于某观察家，诸菜尚可，而饭粥粗粝，勉强咽下，归而大病。尝戏语人曰：此是五脏神暴落难，是故自禁受不得。

【译文】

见水不见米，不是粥；见米不见水，也不是粥。一定使水米交融，柔腻一体，才能称得上是粥。尹文端公说："宁让人等粥，而不要粥等人。"这真是名言，防止时间长了，粥味道变了，汤也干了。近来有人煮鸭粥，在粥里加上荤腥；有人煮八宝粥，在粥里加入果品，都失去粥的正味。如不得已，非加不可，那夏天用绿豆加入粥中，冬天用黍米加入粥中，以五谷入五谷，尚无大碍。我曾经在某观察家中吃饭，各种菜肴尚可，但是饭粥粗糙，勉强吃下，归家就大病一场。我曾就此事与人开玩笑：此是五脏神落难，当然经受不起。

茶酒单

袁氏《茶酒单》，主要是对茶酒的相关内容进行经验总结与评点色味。先以概述形式对茶酒进行总括，然后再根据不同的茶品、酒品分别评述。

中国茶文化源远流长，丰富多彩。袁氏从多个方面对中国茶文化的烹饮特色作了总结。如饮用水的选择，又如茶叶的保存。因为茶叶干燥后，其形成的多孔组织会导致茶叶吸潮，具有较强吸附性，袁氏在单中提出了石灰干燥法。袁氏也强调了泡茶水温控制的重要性。

袁氏还对当时著名茶品进行介绍，包括武夷茶、龙井茶、常州阳羡茶、洞庭君山茶等，并作了一定的点评。

袁氏也对酒品进行了介绍。古人饮酒多温酒而饮，袁氏认为温酒必须守中适度，提出隔水温酒之法。

袁氏介绍酒品多以黄酒类为主。如绍兴酒、常州兰陵酒、金华酒等，以江浙地区为主。也有一些地方性的名酒，如德州卢酒、四川郫筒酒等，多为低度酿酒。蒸馏酒类的高度酒，只提及山西汾酒。而且对于一些肥腻高脂的菜肴，更提倡以烧酒伴饮，也体现时人的饮酒风尚。

七碗生风，一杯忘世，非饮用六清不可[1]。作《茶酒单》。

【注释】

①六清：即水、浆、澧（lǐ）、醇（liáng）、医、酏（yǐ）。语出《周礼·天官·膳夫》："膳用六牲，饮用六清。"澧，甜酒。醇，粮饭杂水。医，没过滤的酒。酏，稀粥。

【译文】

喝七碗腋下生风，饮一杯忘掉世尘，饮用非六清不可。因此作《茶酒单》。

茶

欲治好茶，先藏好水。水求中泠、惠泉。人家中何能置驿而办[1]？然天泉水、雪水，力能藏之。水新则味辣，陈则味甘。尝尽天下之茶，以武夷山顶所生，冲开白色者为第一。然入贡尚不能多，况民间乎？其次，莫如龙井。清明前者，号"莲心"，太觉味淡，以多用为妙；雨前最好，一旗一枪[2]，绿如碧玉。收法须用小纸包，每包四两，放石灰坛中，过十日则换石灰，上用纸盖扎住，否则气出而色味全变矣。烹时用武火，用穿心罐[3]，一滚便泡，滚久则水味变矣。停滚再泡，则叶浮矣。一泡便饮，用盖掩之，则味又变矣。此中消息，间不容发也[4]。山西裴中丞尝谓人曰："余昨日过随园，才吃一杯好茶。”呜呼！公山西人也，能为此言，而我见士大夫生长杭州，一入宦场便吃熬茶，其苦如药，其色如血。此不过肠肥脑满之人吃槟榔法也。俗矣！除吾乡龙井外，余以为可饮者，胪列于后⑤。

【注释】

①驿：驿站，古代传递公文的人以及来往官员途中歇息换马之所。

②旗：茶芽已展开的称为旗。枪：茶芽尚未展开的称为枪。

③穿心罐：一种中间凸起的煮茶陶器。

④间不容发：相距极小，没有多少余地。

⑤胪（lú）列：罗列，陈列。

【译文】

想冲泡好茶，先要备好水。水最好用中泠、惠泉之水。一般人家怎可能设置驿站运送此水？但是天然泉水、雪水，还是可以储备。新出之水则味辣，贮放时间长则味甘甜。我尝遍天下之茶，以武夷山顶所出产的，冲开呈白色的茶为第一。但这种茶上贡朝廷尚且数量有限，民间哪里能有机会品尝。其次，没有什么茶比得上龙井。清明前采摘的称为“莲心”，这种茶味较淡，要多放茶叶才好；雨前的茶最好，一芽一叶，绿如碧玉。收藏时须用小纸包，每包四两，放在石灰坛中，过十天就换一次石灰，坛口以纸盖压紧，否则走气，色味就会变了。煮时要用旺火，用穿心罐，水一滚就泡，滚久了水就变味了。水不滚开而泡，茶叶就会浮在水面上。一泡好就喝，用盖把茶壶盖好，则茶味又变了。此中的关键，不能有丝毫差错。山西裴中丞曾经对人说："我昨日经过随园，才喝了一杯好茶。"哎，裴公山西人，都能说出这个话，而我看见生长在杭州的士大夫，一入官场便喝煮茶，茶味苦得像药，色红如血。这只不过是那些肠肥脑满的人吃槟榔的方法。俗气！除我家乡的龙井外，我认为可饮之茶，都列于下面。

武夷茶

余向不喜武夷茶，嫌其浓苦如饮药。然丙午秋[①]，余游武夷到曼亭峰、天游寺诸处。僧道争以茶献。杯小如胡桃，壶小如香橼[②]，每斟无一两。上口不忍遽咽[③]，先嗅其香，再试其味，徐徐咀嚼而体贴之。果然清芬扑鼻，舌有余甘。一杯之后，再试一二杯，令人释躁平矜，怡情悦性。始觉龙井虽清而味薄矣，阳羡虽佳而韵逊矣。颇有玉与水晶，品格不同之故。故武夷享天下盛名，真乃不忝[④]。且可以瀹至三次[⑤]，而其味犹未尽。

【注释】

①丙午：乾隆五十一年（1786）。

②香橼：常绿小乔木或大灌木，芸香科，果实圆形，可供观赏。

③遽（jù）：急促，仓促，马上。

④不忝（tiǎn）：不愧，不辱。

⑤瀹（yuè）：煮。

【译文】

我向来不喜欢武夷茶，嫌其浓苦就像饮药一般。然而丙午年秋天，我游武夷到达曼亭峰、天游寺等处。僧人道士争相以武夷茶款待。茶杯小如胡桃，茶壶小如香橼，每杯不足一两水。上口后不忍心马上吞下去，而是先闻茶香，再试茶味，慢慢品尝而体会茶韵。果然清香扑鼻，舌留甘甜。喝完一杯，又喝一二杯，令人性情平和，心旷神怡。这才觉得龙井虽然清新而茶味淡薄，阳羡虽好而茶韵逊色。有点类似玉与水晶的比较，品格完全不同。所以武夷茶享有天下盛名，是当之无愧。冲泡了三次，茶味未尽。

龙井茶

杭州山茶，处处皆清，不过以龙井为最耳。每还乡上冢，见管坟人家送一杯茶，水清茶绿，富贵人所不能吃者也。

【译文】

杭州山茶，处处所产的都很清香，不过以龙井茶最好。每次回家乡扫墓，管坟人送上一杯茶来，水清茶绿，这是富贵人家也喝不到的茶。

常州阳羡茶

阳羡茶，深碧色，形如雀舌[①]，又如巨米。味较龙井略浓。

【注释】

①雀舌：即茶芽，形似雀舌，故称。

【译文】

阳羡茶，颜色深绿，形如雀舌，又如巨米。较龙井茶略浓。

洞庭君山茶

洞庭君山出茶，色味与龙井相同。叶微宽而绿过之。采掇最少。方毓川抚军曾惠两瓶[①]，果然佳绝。后有送者，俱非真君山物矣。

此外如六安、银针、毛尖、梅片、安化，概行黜落[②]。

【注释】

①抚军：官名。明清时期俗称巡抚为抚军。

②黜落：衰退，减退。

【译文】

洞庭君山所产茶，色味与龙井相同。叶子稍宽，更为色绿。采摘量甚少。方毓川抚军曾赠送两瓶，果然很好。后来也有人送来，但都不是真正的君山茶。

此如，还有诸如六安、银针、毛尖、梅片、安化等茶，依次排列其后。

酒

余性不近酒，故律酒过严[①]，转能深知酒味。

今海内动行绍兴，然沧酒之清，浔酒之冽，川酒之鲜，岂在绍兴下哉！大概酒似耆老宿儒②，越陈越贵，以初开坛者为佳，谚所谓“酒头茶脚”是也。炖法不及则凉，太过则老，近火则味变，须隔水炖，而谨塞其出气处才佳。取可饮者，开列于后。

【注释】

①律：评定，评价。

②耆（qí）老：老年人。宿：老成，久于其事。

【译文】

我天性不近酒，所以对酒的评定过于严格，反而能深知酒品的好坏。如今各地风行绍兴酒，然而沧酒之清，浔酒之冽，川酒之鲜，又哪里会在绍兴酒之下呢！大体上酒就像那些老成博学的读书人，越老越珍贵，以初开坛的酒为最佳，俗话所说的“酒头茶脚”就是这个意思。温酒以饮，热度不及则凉，热度太过则老，靠近火酒则变味，必须隔水温酒，并且要盖严实，不让酒气挥发才佳。选取可饮的几种酒，开列于后。

金坛于酒

于文襄公家所造，有甜、涩二种，以涩者为佳。一清彻骨，色若松花。其味略似绍兴，而清洌过之。

【译文】

于文襄公家所酿之酒，有甜、涩两种口味，以味涩者为好。一种清彻入骨，颜色有如松花。其味略似绍兴酒，而清洌则胜之。

德州卢酒

卢雅雨转运家所造，色如于酒，而味略厚。

【译文】

卢雅雨转运家中所制，色同于酒，而味道略为浓厚。

四川郫筒酒[①]

郫筒酒，清洌彻底，饮之如梨汁蔗浆，不知其为酒也。但从四川万里而来，鲜有不味变者。余七饮郫筒，惟杨笠湖刺史木簰上所带为佳[②]。

【注释】

①郫（pí）筒酒：相传晋山涛为郫令，用竹筒酿酒，香闻百步，俗称"郫筒酒"。

②刺史：官名。清代用作知州的别称。木簰（pái）：木筏，可在水上漂流。

【译文】

四川郫筒酒，十分清洌，喝时感觉如梨汁蔗浆，几乎不觉喝的是酒。但从四川万里而来，很少有不变味的。我曾喝过七次郫筒酒，只有杨笠湖刺史木筏上带来的最好。

绍兴酒

绍兴酒，如清官廉吏，不参一毫假，而其味方真。又如名士耆英，长留人间，阅尽世故，而其质愈厚。故绍兴酒，不过五年者不可饮，参水者亦不能过五年。余常称绍兴为名士，烧酒为光棍。

【译文】

绍兴酒，如清官廉吏，不掺一丝一毫之假，所以其酒味醇真。如名士耆英，长存千古，历尽世故，而酒质更为醇厚。所以绍兴酒，不过五年不可饮，掺水绍兴酒，存放不了五年。我常说绍兴酒为名士，而烧酒为光棍。

湖州南浔酒

湖州南浔酒，味似绍兴，而清辣过之。亦以过三年者为佳。

【译文】

湖州南浔酒，味道似绍兴酒，清辣则超过绍兴酒。也是以存放过三年者为佳。

常州兰陵酒

唐诗有“兰陵美酒郁金香，玉碗盛来琥珀光”之句。余过常州，相国刘文定公饮以八年陈酒，果有琥珀之光。然味太浓厚，不复有清远之意矣。宜兴有蜀山酒，亦复相似。至于无锡酒，用天下第二泉所作，本是佳品，而被市井人苟且为之，遂至浇淳散朴[1]，殊可惜也。据云有佳者，恰未曾饮过。

【注释】

①浇淳散朴：纯朴风气变得浮夸。这里指质量下降之意。

【译文】

唐诗有“兰陵美酒郁金香，玉碗盛来琥珀光”之句。我经过常州时，相国刘文定公拿出存放八年的陈酒与饮，果然有琥珀的光彩。然味道太浓厚，不再有清远悠长之意味。宜兴有蜀山酒，与它也有些相似。至于无锡酒，是用天下第二泉酿制的，本来是属佳品，而被市井商人粗制滥造，致使酒味失于纯朴而淡薄，实在太可惜。据说也有好的，但我未曾喝过。

溧阳乌饭酒[1]

余素不饮。丙戌年[2]，在溧水叶比部家，饮乌饭酒至十六杯，傍人大骇，来相劝止。而余犹颓然，未忍释手。其色黑，其味甘鲜，口不能言其妙。据云溧水风俗：生一女，必造酒一坛，以青精饭为之。俟嫁此女，才饮此酒。以故极早亦须十五六年。打瓮时只剩半坛，质能胶口[3]，香闻室外。

【注释】

①乌饭：以南天烛叶染米煮成之饭，亦称青精饭，道

家谓服食久可强身延年。

②丙戌年：乾隆三十一年（1766）。

③胶口：粘唇。

【译文】

我一向不饮酒。丙戌年，我在溧水叶比部家，喝乌饭酒，共喝了十六杯，旁边的人大吃一惊，争相劝止。而我还感到扫兴，舍不得罢手。这种酒是黑色，其味甘鲜，奇妙之处无法用言语来形容。据说溧水风俗：生一个女儿，一定要造酒一坛，用青精饭制作。待到此女长成出嫁，才能开坛饮酒。所以至快也要十五六年。打开酒坛时只剩下半坛酒，酒质浓甜粘唇，香味飘散屋外。

苏州陈三白酒

乾隆三十年，余饮于苏州周慕庵家。酒味鲜美，上口粘唇，在杯满而不溢。饮至十四杯，而不知是何酒，问之，主人曰："陈十余年之三白酒也。"因余爱之，次日再送一坛来，则全然不是矣。甚矣！世间尤物之难多得也。按郑康成《周官》注盎齐云[①]："盎者翁翁然，如今酂白[②]。"疑即此酒。

【注释】

①郑康成：即郑玄，字康成。东汉经学家，遍读群经，成为汉代经学之集大成者，史称"郑学"。盎齐：白酒。

②酂（cuó）白：白酒。

【译文】

乾隆三十年，我在苏州周慕庵家饮酒。他家之酒酒味鲜美，上口粘唇，在杯中满而不溢。饮至第十四杯时，还不知道是何酒，问主人，主人说："这是放十余年的三白酒。"因为我喜欢，第二天又送来一坛酒，可是味道却截然不同。真是啊！世间的珍品不可多得。据郑康成《周官》"盎齐"的注解："盎者翁翁然，如今酇白。"我怀疑就是这种酒。

金华酒

金华酒，有绍兴之清，无其涩；有女贞之甜[①]，无其俗。亦以陈者为佳。盖金华一路水清之故也。

【注释】

①女贞：即女贞酒，也属黄酒类。浙江地区风俗，生了小孩，造绍酒数坛，泥封窖藏，待婚嫁之时取出宴客，生女称为"女贞酒"，生子称为"状元红"。这些酒贮存期十数年以上，醇香无比。

【译文】

金华酒，有绍兴酒的清醇，而没有它的涩味；有女贞酒的甜味，却没有它的俗气。此酒也是存放时间较长的为佳。大概是金华地区一带水清之故。

山西汾酒

既吃烧酒，以狠为佳。汾酒乃烧酒之至狠者。

余谓烧酒者，人中之光棍，县中之酷吏也。打擂台，非光棍不可；除盗贼，非酷吏不可；驱风寒、消积滞，非烧酒不可。汾酒之下，山东膏粱烧次之，能藏至十年，则酒色变绿，上口转甜，亦犹光棍做久，便无火气，殊可交也。尝见童二树家泡烧酒十斤，用枸杞四两、苍术二两、巴戟天一两，布扎一月，开瓮甚香。如吃猪头、羊尾、“跳神肉”之类，非烧酒不可。亦各有所宜也。

此外如苏州之女贞、福贞、元燥，宣州之豆酒，通州之枣儿红，俱不入流品①；至不堪者，扬州之木瓜也，上口便俗。

【注释】

①流品：等级，品类。

【译文】

既要喝烧酒，以喝高度数的为好。汾酒乃烧酒中最劲烈的。我说烧酒，就好比人群中的光棍，县衙中的酷吏。擂台比武，非光棍不可；驱除盗贼，非酷吏不能；驱寒消滞，非饮烧酒不可。汾酒之下，山东膏粱烧酒次之，能藏至十年，则酒色变绿，上口转甜，也如光棍做久了，火气全消，可以与之交往。尝见童二树家以烧酒十斤浸泡药材，枸杞四两、苍术二两、巴戟天一两，以布扎着坛子一个月，开坛甚香。如吃猪头、羊尾、“跳神肉”之类的菜，非喝烧酒不可。这也是各有所宜。

此外，还有苏州的女贞、福贞、元燥酒，宣州的豆酒，通州的枣儿红，都是不入流的酒品；最差劲的酒是扬州木瓜酒，上口就觉得俗。